向上吧！少年

让青少年受益一生的成功启迪

主　编：赵银田

江蘇鳳凰教育出版社
Phoenix Education Publishing, Ltd

图书在版编目（CIP）数据

向上吧！少年：让青少年受益一生的成功启迪／赵银田主编．—南京：江苏凤凰教育出版社，2015.1

ISBN 978-7-5499-2030-3

Ⅰ．①向… Ⅱ．①赵… Ⅲ．①成功心理－青少年读物 Ⅳ．①B848.4-49

中国版本图书馆CIP数据核字(2014)第301609号

书　　名　向上吧！少年——让青少年受益一生的成功启迪

主　　编　赵银田

责任编辑　午新生　雷利军　孙建

出版发行　凤凰出版传媒股份有限公司

江苏凤凰教育出版社（南京市湖南路1号A楼　邮编210009）

苏教网址　http://www.1088.com.cn

照　　排　红十月图文设计有限公司

印　　刷　三河市九洲财鑫印刷有限公司

厂　　址　河北省三河市灵山大口

开　　本　787毫米×1092毫米　1/16

印　　张　8.75

字　　数　143千字

版　　次　2015年1月第1版　2015年1月第1次印刷

书　　号　ISBN 978-7-5499-2030-3

定　　价　20.00元

网店地址　http://jsfhjycbs.tmall.com

邮购电话　025-85406265，85400774　短信　02585420909

E－mail　jsep@vip.163.com

盗版举报　025-83658579

本书编委会

目录

陈景润：摘取数学皇冠上的明珠

人物简介：

陈景润，中国著名数学家，长期坚持数学研究，攻克了一道又一道数学难题，于1966年成功发表《大偶数表为一个素数及一个不超过两个素数的乘积之和》（简称“1+2”），直至今日，他仍是哥德巴赫猜想研究上的第一人。

陈景润和我们一样，也曾在小学学过1+1=2，也曾在中学时代学习代数和几何，然而他凭着对数学的热爱，一步一步走近并开启了数学王国的大门。他耗费一生心血，用数学符号为人类铺下了一条通向数学最高峰的道路，他值得所有中国人为他感到骄傲自豪。

溢满书香和泪水的童年

陈景润从小就有一种与其他孩子不同的气质，性格稍稍内向，与其他孩子最不同的是他一点儿也不贪玩，十分喜欢一个人沉浸在书的世界里，书籍才是陈景润真正的玩伴。不幸的是，陈景润过早地失去了疼爱他的母亲，而继母一时让他难以适应。

陈景润的故乡是福州一个叫作胪雷的小村子，胪雷村虽然小，可自古就出了许多名人和国家栋梁。陈景润的家境还算不错，家里藏有许多图书。性格内向的陈景润非常喜欢看书，常常一个人埋头于书海之中。他和哥哥姐姐最喜欢玩的游戏就是捉迷藏。他每次藏起来以后，就捧着书看，直到哥哥姐姐找到他为止。

小时候的陈景润还有一个异乎常人的癖好，那就是饲养乌龟，也许他非常钦佩乌龟的超长忍耐力吧。当父母不在家里的时候，乌龟就成了他和哥哥姐姐们最好的玩具了，例如他们比谁在乌龟上面站得最久，还骑着乌龟在房间里转。

那时候社会动荡、民不聊生，陈景润能在小学读书可算得上是一件幸事，否则胪雷村可能就不会出现一位数学天才了。或许得益于阅读的习惯，他总能认真耐心地对待每一件事情，所以在学习上他总是专心致志，成绩优秀的他还曾跳过级。

陈景润10岁时，疼爱他的母亲去世了。要知道，对于一个10岁大的孩子而言，失去母亲是多么大的打击。母亲去世后，陈景润整天以泪洗面，吃不下饭，这也让他的性格变得更加内向，更加沉默寡言。后来父亲娶了第二任妻子，这个陌生的女人让陈景润无所适从，他还是想念着自己亲生的母亲。

在他感到悲痛的时候，书籍这个好伙伴就会来到他身边，让他在书的世界中寻找到慰藉，也让他变得越来越坚强。陈景润慢慢地从失去母亲的悲伤中走出来，并且感受到了继母对自己的关心，渐渐开始接受这位善良的继母。就这样，陈景润在书籍的陪伴下，度过了充满欢乐和泪水的童年。

偶遇良师与数学结下不解之缘

陈景润进入英华中学读书后，仍秉承专心致志、脚踏实地的学习态度，孜孜不倦地埋头苦读，他借阅的《微积分学》《高等代数引论》《密尔根盖尔物理学》其实已超出高中的教学范围。陈景润日后无疑会成为一个杰出的人才，但如果没有沈元教授的指引，陈景润可能不会踏上数学道路，也不会成为哥德巴赫猜想第一人。

当时，我国长江以北正在进行解放战争，战争还没有蔓延至福州，福州的英华中学则可称得上是世外桃源。在这个书声琅琅、绿树成荫的书院里，陈景润沉浸在书籍所营造的世界，他成了学校里有名的“Booker”（书呆子）。

陈景润自小就养成了节俭的习惯，虽然家境不错，但总穿着粗糙陈旧的衣服，写字用的仍然是铅笔，而不是大家都用的钢笔，有时他看上去还显得很“寒酸”。他性格内向，却平易近人，遇见同学总以微笑打招呼。

陈景润上课时全神贯注地听讲，下课后就沉浸在练习题和图书中，在寝室里的活动也几乎全是看书。陈景润的学习成绩在班里并不是数一数二的，其实他并不是很在乎学习成绩，而是注重对学习内容的理解和应用。在学习中，他不仅学习书本上的公式定理，而且借阅相关图书以便充分理解这些公式定理。他借阅过许多大学才能接触到的图书，例如《微积分学》《高等代数引论》《密尔根盖尔物理学》等。

“书呆子”陈景润最幸运的事情不是在英华中学读书，而是在英华中学遇见了沈元教授。沈元是当时有名的教授，他拒绝了许多大学的任教邀请，最后选择回母校英华高中教数学。沈元教授授课水平非常高，在课堂上，他带领学生们畅游浩瀚的数学王国。有一次，他讲到了著名的数学难题——哥德巴赫猜想，他饱含热情地将数论誉为数学王国的皇冠，而将哥德巴赫猜想誉为皇冠上的明珠。自此以后，陈景润对数学更是情有独钟。

沈元教授对陈景润的启蒙，直接影响了他对未来道路的选择，事实也是如此，陈景润日后选择的正是数论领域的研究，所尝试的正是对哥德巴赫猜想的挑战。

生存难题与陋室中的数学星河

每个人都需要面对生存问题，陈景润也不例外，他毕业后一度失业，曾在街头摆小摊为生，后来在学校任教，最后进入数学研究所工作。生活条件一直不好，常常住在狭小的陋室。其实外在事物对陈景润来说并不重要，他在乎的是每天都能够在数学的浩瀚星河中有所获取。

陈景润高中尚未毕业便被厦门大学数学系录取，可见他在数学方面的确有异乎常人的天赋。但每一个人都需要面对生存问题，陈景润自然也不例外。当年厦门大学的“爱因斯坦”陈景润一度失业，他曾尝试在中学教学，但所讲内容难以被学生理解。他不善言谈，不懂人情世故，找工作处处碰壁，无奈之下就在大街边摆起了小摊。

如果没有厦门大学校长王亚南，陈景润可能真的会被生存难题压垮。王亚南发现陈景润在街边摆摊后心疼不已，立即将他安排在数学系资料室工作。这样一来，陈景润不仅解决了基本的生存问题，而且能够继续进行数学研究。

工作后的陈景润更加专注于数学研究，除工作时间外，几乎都窝在自己的房间里钻研数学，有时会夜以继日、通宵达旦。陈景润耐心地一页一页翻看数学著作，一字一字地研究，对每个公式和定理都反复核算，有些数学著作甚至会被他读上几十遍。

有一段时间，陈景润还住过一个仅3平方米的厕所，而且一住就是两年。陋室之外的世界固然丰富多彩，但对陈景润而言，陋室之内的数学星河可谓绚烂至极。

历经波折摘取数学皇冠之明珠

正当陈景润刻苦研究数学难题时，他却因政治运动被调到化学院“打杂”，成功证明“1+2”后，却恰逢“文化大革命”，被迫进行了4年的劳动改造。但蛮横永远无法阻止真理，陈景润最终还是发出了耀眼的光芒，让全世界的人都知道：距离“1+1”仅一步之遥。

大学毕业后的三年中，陈景润阅读了华罗庚的大部分著作，对华罗庚的研究成果，他按照自己的理解作了分析和说明。华罗庚十分赏识才华横溢的陈景润，并将陈景润调往北京数学研究所工作。陈景润与几位同事住一个寝室，为保证不被同事打扰，他搬进了寝室中仅3平方米大的厕所，一住就是两年。正当陈景润神游在数学的自由王国时，他却因政治运动被冠以莫须有的罪名，被调往与数学研究毫无关系的化学院工作，实际上是去化学院接受“教训”。在化学院工作的这段时间，陈景润几乎无法进行数学研究。

1962年，周恩来总理为陈景润夺回科研权。陈景润回到北京后，重新着手数学研究。这一次，他决定向哥德巴赫猜想发起挑战，当时世界上最顶尖的数学家只能证明“1+3”，距离“1+1”还有两步之遥。陈景润竟然能够更上一层楼，1966年6月在《科学通报》上发表了《大偶数表为一个素数及一个不超过两个素数的乘积之和》（简称“1+2”）。

该论文一经发表，立即引起国际轰动。然而1966年的“文化大革命”彻底淹没了这篇论文，人们根本无暇顾及陈景润的研究成果，不但如此，陈景润还被污蔑为伪数学家，他证明各种数学问题的手稿被尽数撕毁，就连辛辛苦苦存下的积蓄也被洗劫一空。

在“文化大革命”中，陈景润受尽了折磨，但是他凭借超乎常人的毅力和才华，于1972年完整地证明了哥德巴赫猜想中的“1+2”。这一次，他让全世界的人为之惊叹，他也成为了哥德巴赫猜想研究领域的第一人。虽然陈景润没能摘取“1+1”这颗数学皇冠上的明珠，却激励着一代又一代的数学家向哥德巴赫猜想发出最后的挑战，人们也永远被他孜孜不倦的探索精神感动着。

成功启示

陈景润并不是神童，他之所以能成为数学天才，全凭脚踏实地的求索精神和对理想的执着追求。中小学数学是高等数学的基础，基础都没打好怎么可能成为数学家？怎么可能向更高的数学领域攀登？面对艰苦的生活条件，面对灾难，陈景润却始终能坚持数学研究，可见他是多么地热爱数学，如果这份对理想的热情熄灭了，或许我们就没有陈景润的故事可讲了。

丁磊：
敢闯敢拼敢创新

人物简介：

丁磊，网易公司创始人，网易公司首席架构设计师。1993年，他毕业于成都电子科技大学。1997年，创建网易公司。1998年，开放使用www.163.net。与王志东、张朝阳一起被称为“网络三剑客”。

都说三十而立，丁磊却在二十几岁就已功成名就。丁磊曾几次三番地放弃稳定的工作，为自己的商业构想努力打拼。他之所以能比别人更早建立自己的事业，就在于他比别人更敢于改变、冒险、创新。

历经三次离职，决心自立门户

大学毕业后，丁磊拥有了一份稳定的工作，但丁磊并不满足，他一心想要在计算机领域有所发展。最终他选择了离开，此后又两次离职，最终下定决心自立门户，设计自己的产品。

丁磊的高中成绩一直不是很好，他的老师甚至责骂他拖班级后腿。但从高中起，丁磊就对计算机十分感兴趣，他还自学了BASIC语言，在电脑上编写游戏程序。报考大学时，丁磊想要学计算机专业，由于电脑的辐射危害人体的建康，他的父母建议他不要选择计算机专业。

对计算机感兴趣的丁磊当然不肯放弃计算机专业，最后他考入了成都电子科技大学一个与计算机相关的专业。他常常去图书馆阅读计算机类的书籍，一有机会就跑去旁听计算机专业的课程。在自己的班里，他的成绩总是在前五名，同时他的计算机知识也越来越扎实。

大学毕业后，丁磊进入宁波电信局工作。工作期间，他在某本杂志上得知北京有一个叫“火腿”的BBS站，他意识到BBS在未来可能大有前途，便在宁波建立了自己的BBS站。1994年，丁磊获得了一个Internet帐号，他兴奋不已地登录了Internet。

1995年，丁磊离开宁波，来到广州。来到广州之后，丁磊必须考虑的第一件事情就是生计。经过一番周折，他进入美国的数据库公司Sybase，从事计算机编程。在Sybase，丁磊觉得除了安装调试数据库外，自己几乎没有任何进步与成长，于是他再次选择了离开。

1996年5月，丁磊在另一家公司当上了总经理技术助理。在这家公司，丁磊设计完成了一个“火鸟”BBS的网站，结识了非常多的网友。可惜好景不长，丁磊所在的公司最终濒临倒闭，丁磊也不得不再次选择离开。

经过三次离职后，丁磊积累了不少工作经验，也辛辛苦苦地攒下了一些本钱。在最后一次离职后，丁磊终于下定决心要自立门户。

创业几经波折，网易即将起航

丁磊创办了网易，但它并没有真正起航，它只是一只停在港口的船。丁磊几经波折，才逐渐找到了网易公司的出路，而一切，都预示着网易将真正扬帆起航。

丁磊决定自立门户，他四处筹钱，加上几年来攒下的积蓄，一共50万元。利用这50万元的创业资金，丁磊创办了自己的公司——网易。他租下了一间7平方米的小房间，又找来两个帮手，三个人一起编写软件程序。

网易的第一个产品就是Yeah中文搜索引擎。由于当时国内中文网站很少，中文搜索引擎根本派不上用场，因此Yeah中文搜索没能取得成功。

网易决定免费向网友提供每人20兆的个人主页空间，奇怪的是竟然没有人申请。于是网易就在北京在线、中网、瀛海威等5个当时国内主力站点上做了3个月广告，总共花费了好几万元。广告果然起到了一定作用，在网易申请个人主页的人开始多了起来。

此后，网易决定在中国搭建免费邮箱站点。

丁磊一边开发免费电子邮箱，一边思考为它起一个比较受欢迎的域名。有一天凌晨2点，丁磊突然想到163这个数字域名，他从床上跳起来，查询了一下163net和163com两个域名，竟然还没有被人注册。就这样，他一夜之间，注册了许多朗朗上口的数字域名。

经过7个月的奋战，网易开发出了一套功能强大的免费邮箱系统，同时邮箱的域名也已经注册完毕。万事俱备，只欠东风。现在只要将免费邮箱推向网络，网易就能迈出成功的第一步了。

无奈出售成果，网易终获成功

事情并非丁磊想象中的那么顺利，但他还是在紧要关头做出了取舍。网易曾经做出的牺牲最终换来了回报，得以迅速发展为最受欢迎的网站。

丁磊连忙向电信局申请增加免费邮箱服务，可就在这个对于网易而言关键的时刻，广州电信表示不允许网易独立经营免费邮箱业务。这个坏消息给了网易沉痛的一击，丁磊原本高涨的热情瞬间低落了许多。

随后丁磊在全国各地跑了一圈，仍无法找到允许网易独立经营免费邮箱业务的机构。此时，丁磊无奈再次找到广州电信局，丁磊愿意“不让电信局出一分钱，软硬件全由网易投入，利润则以6：4分成（电信得6）”。

电信局意识到了网易免费邮箱系统的价值，便提出购买网易免费邮箱。丁磊十分看好自己免费邮箱，坚决不卖给广州电信。但是50万元已经所剩不多，公司如果再不盈利，可能就要倒闭了。

1998年2月，此时的丁磊已经没有选择的余地，便答应将免费邮箱系统和163域名出售给广州电信。

1998年2月16日，www.163.net开放使用。令网易没有想到的是，注册用户非常多，以每天2000人左右的速度递增。163.net取得了巨大的成功，许多公司和银行纷纷联系网易，要求购买该系统。

网易之所以能够如此受欢迎，是因为它是免费的，正是因为网易不计回报，后来才获得了成功。1998年7月，CNNIC（中国互联网信息中心）

投票评选十佳中文网站，网易获得第一名。1999年1月，CNNIC再次投票评选十佳中文网站，网易再次获得第一名。

在经历了多次挫折后，网易终于获得了成功，从原来小小的BBS，发展成了一个最受人们欢迎的优秀网站。

不断进取创新，搭建网络门户

很多时候并非你真的做到了完美，而是你远远没有发现新的发展空间。正是因为不断地进取创新，网易最终才能发展为国内最受欢迎的网络门户之一。

网易开始对网站内容和形式进行革新，改版后的网易可以提供个人服务，如免费邮件、免费个人主页、个性化网站等；可以提供时效性的内容，如新闻、专栏文章、地方性生活资讯、天气预报等；最重要的是，网易还对服务质量要求很高。

网易改版后，在短短4个月内，就盈利10多万美元。1999年，网易继续开拓国内网络广告市场，并将重心放在拓展海外市场，它先后与IBM、诺基亚等跨国公司签了广告合同，广告收入大大增加。

网易取得了第二次成功，这一次成功并没有让丁磊自满，反而让他开始思考网易新的发展方向。由于网易的成功，许多网站纷纷模仿网易，网易一时间多了许多竞争对手。

网易决定开发网络游戏。在耗费了一年时间后，开发出了《大话西游1》。由于《大话西游1》在技术上存在缺陷，并没有取得成功。网易又花了6个月时间对游戏进行改进，开发出了《大话西游2》。

为了将《大话西游2》推广出去，丁磊决定学习营销技术，为此他读了许多营销类的书籍，还请教了当时步步高的“掌门人”以及其他营销大师。经过学习，丁磊为《大话西游2》制定了一个完美的营销计划，结果《大话西游2》取得了成功。

在丁磊的带领下，网易的创新和发展一直没有停止，它又开发出免费电子贺卡站、网上虚拟社区、网上拍卖平台。从免费个人主页到免费电子邮箱，到虚拟社区，再到网上拍卖，网易做到了一个又一个“第一”，它的“第一”又被其他无数网站模仿。

如今，网易已经成为我国最大的网络门户之一，相信它还能为我们带来更多新的惊喜。

成功启示

成绩并不优异的丁磊不仅始终保持着自己的兴趣，更是将自己的兴趣发展为自己的事业。丁磊之所以能够取得如今的成就，很大一部分原因就是他善于为自己设定的目标及时做出改变。网易最终能够取得成功，则要归功于丁磊的不断开拓进取的精神。

龚全珍：为人民服务一辈子

人物简介：

龚全珍， 开国将军甘祖昌的夫人，毕业于西北大学教育系。1957年，她随甘祖昌从新疆返回江西萍乡，从事教育事业几十年。离休后，她筹建“龚全珍工作室”，服务社区、服务群众，倾力捐资助学、扶贫济困，积极开展思想教育，受到当地干部群众的爱戴。2013年，当选第四届全国道德模范，受到国家领导人习近平的高度赞扬。2014年，被评为“2013年度感动中国十大人物”之一。

龚全珍既不是党员，也不是干部，仅仅是一名普普通通的乡村教师。这个平凡的女人，却有着神圣的信仰，有着高度的思想觉悟。她和丈夫一起为人民服务，受到了民众的爱戴。

返乡务农，教书育人

劳苦功高的开国将军本应安享晚年，但他和夫人毅然返乡务农，为家乡的建设贡献力量。甘祖昌将军无私奉献的精神，深深地感染了他的夫人龚全珍，龚全珍继承和发扬了他的奉献精神。

甘祖昌在1928年便加入了红军，经历过抗日战争和解放战争，为建立新中国作出过不可磨灭的贡献。新中国成立后，他一直担任新疆军区后勤部长。他的夫人龚全珍是一名优秀的知识分子，同他一起在新疆工作、生活。

久别故乡，甘祖昌最终决定返乡务农，为家乡尽自己的一份薄力。1957年8月，甘祖昌主动辞去职务，返回江西萍乡莲花县务农。龚全珍理解和支持丈夫的决定，她也希望能和丈夫一起为家乡的百姓出一份力。

返回故乡后，甘祖昌在生活上非常节俭，拿出自己三分之二的工资用来做公益事业，为乡亲们修水利、建校舍、办企业、扶贫济困，参加修建了3座水库、4座电站、3条公路、12座桥梁、25公里长的渠道。

对于丈夫的慷慨和热心，龚全珍不仅没有责怪，反而全力配合丈夫，也把自己的工资拿出来用在支援农村建设上，甚至在返乡后的前几年，她没有穿上过一件新衣服。

除了和丈夫一起支援农村建设，龚全珍还全身心投入到农村的教学工作中去。她在新疆是一名教师，回到莲花县后，她想继续从事这份职业。为此，她还步行25公里来到县文教局，申请教学工作。龚全珍被分配到了九都中学，这所学校条件很差，只有3名教师。

在学校，龚全珍对同学们关怀备至，不仅在教学中对每个同学都悉心指导，而且关心每个学生的生活。她吃住都在学校，只要学生有需要帮助的，她都会及时赶到。只有到了周末，她才会回家一趟，帮助丈夫和孩子洗衣服、做家务。

由于教学工作表现突出，龚全珍被文教局调到南陂小学任校长。身为校长的她觉得自己的责任更大了，对工作也比以往更加认真和投入。在南陂小学，她将自己十几年的青春年华献给了一批批学子。

考虑到她的年纪，她被调到离家不远的甘家小学任校长，她还是坚持一贯的工作作风，吃住都在学校，把全部心思用在了工作上。

服务社区，服务群众

龚全珍知道自己力量有限，但她相信，只要有一颗热心，一定也能感染其他人，让更多人变得更好。她将全部精力投入到了社区服务中，帮助了许多居民，也营造了良好的社区风气。

1986年，甘祖昌将军逝世。曾经为人民无私奉献的英雄离世，令龚全珍和乡亲们悲痛万分。但是甘将军无私奉献、艰苦奋斗的精神仍然在人们心中传颂。龚全珍退休后，便追随丈夫的脚步，希望为乡亲们做点好事。

龚全珍决定投身社区工作，希望把社区发展得更好，让社区里的乡亲的生活过得更舒心。她拜访了社区里的党员，也调动了众多父老乡亲，最终在大家的努力下，在琴亭镇金城社区筹建了“龚全珍工作室”，大家都推举她担任辅导员。

龚全珍十分乐意担任辅导员，因为如此一来，她就能为群众做更多的事情了。

担任社区辅导员期间，她总是一丝不苟，把各个方面的工作都做得很到位。经历过革命战争洗礼的她有许多故事和经验可以和大家分享，她也愿意与党员和群众分享自己的革命故事，还常常讲述甘将军不谋私利、一生为党、为人民服务的事迹。

在龚全珍的勉励下，社区对管理机制进行了创新，并决定定期为居民尤其是困难家庭，开展政策宣传和扶贫济困活动。

社区里有许多留守儿童和单亲家庭，龚全珍就会主动去帮助他们，常常与孩子们一起玩耍、给他们讲故事。她还走访困难家庭，为他们加油，鼓励支持他们自主创业。例如，一个名为贺丙才的居民就想自主创业，可在创业途中遇到许多困难，最终动摇了创业的想法。

在了解到情况后，龚全珍主动找到了贺丙才，和他聊天谈心，增强了他的信心。后来，贺丙才多次尝试创业，最终创业成功。为了感谢龚全珍当初的鼓励，贺丙才主动担任社区支部副书记，并帮助了近十名社区居民创业致富。

社区居民彭云娥家境困难，而且体弱多病，面对生活上的种种苦难，彭云娥精神压力非常大。龚全珍得知后便多次上门照顾她，和她谈心，还送去慰问品，勉励她战胜困难。受到了龚全珍帮助的还有困难居民彭秋仔，在龚全珍的帮助下，他转业做起了家庭炊具修补的生意，从而过上了安稳日子。

以社区为根据地，龚全珍不遗余力地帮助需要帮助的居民，她的这种奉献精神使许多居民在面对困难时都能够保持积极向上的心态。

心系教育，发挥余热

虽然已经从教师岗位上退休，但龚全珍还是很关注青少年的教育，因此她决定在社区发挥余热，继续对青少年进行思想教育，使他们更加健康地成长。

担任社区辅导员期间，龚全珍不仅帮助困难居民，还继续发挥着她作为教师的余热。她非常关心下一代的健康成长，常常和青少年们一起聊天、讲故事、画画、写作文。

龚全珍非常注重青少年的思想教育，她通过聊天的方式，了解青少年在思想上和心理上存在的问题，并通过多种方式来解决这些问题。

有一次，龚全珍发现部分留守青少年存在挑食的坏习惯，随后便连续三天足不出户，把甘将军在长征路上没有食物、每天只能用八粒蚕豆充饥、最后胜利完成任务的经历，编写成一个“八粒蚕豆过草地”的故事。然后，她把这个故事讲给孩子们听，教育孩子们要珍惜粮食。

龚全珍还组建了一个校外活动小组，通过校外活动小组，开展多种多样的课外活动，以丰富青少年的课余生活。例如，在国庆等重大节日期间，龚全珍会让孩子们创作相关主题的漫画，会举办漫画展览，还会以自己创作的漫画故事教育青少年。

在孩子们眼里，龚全珍就是他们慈祥的奶奶，他们喜欢和她在一起聊天、讲故事、画画，喜欢和她谈心，喜欢她鼓励他们渡过难关，喜欢她教导他们改正缺点。

荣为榜样，影响他人

就像种子会生根发芽一样，龚全珍的事迹也渐渐传开来，虽然只是服务了一个小小的社区，但她的精神应该得到发扬。登上感动中国人物的领奖台，使她的精神传播到了全国各地。

上了年纪的龚全珍身体难免出现病痛，再加上她不辞劳苦地帮助居民以及教育青少年，身体出现了问题，一辈子都在帮助别人的龚全珍终于需要别人来照顾了。

即使身体不适，龚全珍还是为别人着想，她不想给子女们添麻烦，就主动住进县光荣幸福院。在幸福院一住，就是5年。

在幸福院，龚全珍丝毫没有把自己当作被照顾的对象，反而充当起工作人员。她为老人们扫地、拖地板、缝补衣服，甚至拿出自己的生活费，给大伙儿买营养品。

乐于伸出援手的龚全珍，自己却很少开口寻求帮助，唯恐麻烦别人，虽然很多人都怀着感恩的心想帮助她。她始终保持着勤俭节约的习惯，子女们给她买质量好些的保暖内衣，她就不停地念叨太贵了。

2008年5月，四川汶川特大地震发生后，在县老干部局组织的会议上，龚全珍带头向灾区捐款1200元。由于龚全珍的带头作用，所有离退休老干部都踊跃捐款，许多老同志还回家抱来棉被衣服捐赠。

龚全珍已经成为了社区的一块真金招牌，所有人都敬重和佩服龚全珍，社区里的退休干部、青少年学生都非常愿意听从她的教导。2008年，在龚全珍的倡导下，社区成立了奖学扶助基金，她带头捐助了1000元，许多居民和单位都积极响应，基金累计超过了26万元，如今已奖励优秀生百余人，扶助贫困生近两百人。

2014年，龚全珍被评为“2013年度感动中国十大人物”之一。她无私奉献的精神和对祖国的美好信念感动了所有中国人，全国各地都掀起了向龚全珍老人学习的热潮。她一生坚定自己的信念，全心全意为人民服务，的确值得所有中国人学习。

成功启示

龚全珍只是一个平凡的中国人，但却有着一颗不平凡的心。她有着远大的理想和坚定的信念，为了自己心中的理想和信念，她几十年如一日地坚持努力，终于取得了成功。她的这份执着和勇敢值得所有人学习，现在的她仍然在追逐她的崇高理想，并鼓舞着更多人为身边的人服务。

顾毓琇：祖国罕有的全才、奇才

人物简介：

顾毓琇，著名教育家、科学家、诗人、戏剧家、音乐家和佛学家，曾为我国近十所大学的教授，是江泽民和朱镕基两位国家前领导人的恩师。他学贯中西，博古通今，文理皆通，23岁时发表《四次方程通解法》，26岁时发明“顾氏变数”，获得过兰姆金质奖章、IEEE金禧奖章、“中国电机工程师学会”金质奖章。

顾毓琇这个名字或许很多人都没有听过，我们只听说过与他同时代的冰心、闻一多、梁实秋，但是顾毓琇的才华与冰心等人相比，丝毫不落下风，而且他在学术研究上取得了非常大的成就，为我国培养了无数人才，还兴建了许多院校。顾毓琇这样的全才、奇才确是世间罕有。

赴美留学，成科坛巨擘

顾毓琇的一生始终与丰富的知识相伴，从幼时起，便接受正统教育，此后进入名校，接受名师教导，再赴美国留学，学习机电学知识。待学成之后，他便在科学道路上一路高歌，屡获佳绩，最终成为科学界的巨擘。

顾毓琇出生于书香门第，自幼受到了良好的教育。13岁时，他考取了清华学校初中部，他的中文老师是杰出学者钱基博，英文阅读老师则是大文人林语堂。在众多名师的教导下，他埋头苦读八个春秋，成为了一名德才兼备的优秀学生。

1923年，他从清华高等科毕业，并准备赴美留学。1923年8月17日，顾毓琇乘“杰克逊总统号”赴美。他进入麻省理工学院电机工程系学习，基础扎实的顾毓琇学习非常顺利，竟然仅用四年半时间，就获得了学士、硕士和理学博士学位，成为了麻省理工电机系的首位中国博士。

顾毓琇不仅仅获得了学位，而且在学术上屡获佳绩。在获学士学位的第二年，他就发表了《四次方程通解法》，取得了在基础数学领域中突破性的成果，直到现在，电子计算机程序还在用他的解法。

无论是学习，还是研究，顾毓琇都十分刻苦，他为自己制定了极富效率的学习、工作进程表，每日晚餐后都钻进研究室，直至凌晨3点才返回住处。他的博士论文题目是《电机瞬变分析》，他应用“运算微积分”理论和转换定理，来分析电机瞬变现象。国际学术界将他的研究成果称为“顾氏变数”。

此后，他的“顾氏图解法”及“顾氏定则”，奠定了他在国际电机界的崇高地位。从20世纪50年代开始，顾毓琇便与美国科学家维纳等人合作，共同开创了现代自动控制理论体系，被公认为该领域的国际先驱。

由于在学术上的杰出贡献，电机及电子工程师协会于1972年3月授予顾毓琇兰姆金质奖章。兰姆奖被誉为国际电子与电工领域的诺贝尔奖。1972年末，中国电机工程师学会也授予他金质奖章。

许多科学家都给予了他很高的评价，“他无疑应当被视为世界上六位对电机分析理论作出卓越贡献的奠基者之一”。“相当数量关于电流瞬变过程及非线性控制论分析的经典专论的问世，也应归功于顾教授的辛勤成果。”

报效祖国，致力教育事业

顾毓琇培养了许多杰出的人才，其中就包括我国国家前领导人江泽民和朱镕基。不仅如此，他还兴建了许多院校和研究机构，对旧的教育体系进行改革，对我国教育事业的发展做出了很大贡献。

顾毓琇没有忘记自己的祖国。1929年2月，他毅然返回祖国，放弃了在美国的大好前程，当时他年仅26岁。

当时我国科技水平远远落后于西方，也十分缺乏建设国家的机电人才，而顾毓琇在美国学习到了最前沿的机电知识，他是培育我国机电人才的最佳人选。事实也正是如此，他先后在浙江大学、杭州电气局、中央大学、清华大学、北京大学从事教育工作，为我国培育了大批机电人才，为我国科技发展和国家建设作出了巨大贡献。

顾毓琇在美国所学习到的不仅仅是机电知识，更是汲取了美国教育体系的营养。他出任过教育部政务次长、上海市政府教育部长，制定与实施了当时较为先进的教育政策，为我国教育事业发展作出了不可磨灭的贡献。

除了制定教育政策，顾毓琇还兴建了许多教育和学术研究机构，例如他创立了纺织技术学院、上海戏剧专科学院、清华大学工学院、清华无线电研究所和清华航空研究所。

顾毓琇不仅亲自上讲台为学生讲解机电知识，而且关注国家的整个教育体系，为我国的教育事业制定了正确的发展方案，倡导兴建院校和研究机构以培育更多人才，处处为我国教育事业着想。

顾毓琇从事教育事业数十年，终成一代大教育家。他呕心沥血、教育英才，如今已是硕果累累、桃李满天下，他永远是我们尊崇的楷模。

文理兼通，亦是文坛翘楚

或许他在科学以及教育方面的成就过于显著，才使得人们没有了解他出众的文学才华。他曾与冰心、梁实秋等人相交，一生中作品繁多，涉猎戏剧、小说、诗歌、翻译等各个方面，获得了各种荣誉。

顾毓琇从小就精通文墨，此后才精通理科。虽然学的是理科，顾毓琇也热衷于文学。从大学开始，他便从未间断文学创作。早年他投身于“五四”新文化运动，在清华大学创立了戏剧社，他便是戏剧社的首任社长。

在大学期间他便以文学见长，常常创作供戏剧社表演的戏剧。赴美留学期间，与顾毓琇同行的还有冰心、梁实秋、许地山等文人。他们在乘船时，就在船上创办了“海啸”壁报，在上面发表各自的诗文。

到了美国之后，他们仍然相互联系，谈文学谈时事。当时因为剧本很少，大家都推荐顾毓琇执笔创作剧本。1925年，顾毓琇将我国的传统戏《琵琶记》改编成了话剧，并由梁实秋翻译成英语，最后在波士顿公演。

梁实秋、冰心和顾毓琇都参与了表演，多才多艺的闻一多也前来帮助他们。该剧在波士顿公演之后，受到了观众的好评。

顾毓琇不仅从事文学创作，还从事小说翻译。早在1920年他就翻译了30篇英文短篇小说，次年又翻译了7个短篇小说和2个剧本。到2000年止，他的著作已出版了87部。他创作了许多抒发爱国情怀的剧本，甚至自编自导自演，被誉为"中国现代话剧的发轫者之一"。

1932年，淞沪会战爆发，他亲自率师生为十九路军送行，还将自己的剧本《荆轲》付印单行本，激励战士们为国杀敌。随着战争局势的发展，他又创作了四幕剧《岳飞》，热情歌颂了民族英雄。他常常躲在防空洞里办公和写作，剧本《苏武》便是在防空洞完成的。中央大学学生参军时，他亲自送行，并写下了不少相关诗词，其中就有一首《请缨》。

他还对古典音乐颇有研究，曾将姜白石的自度曲谱翻译为五线谱。1940年，学术界以他的三四八频率为中国黄钟标准音。北京中央音乐学院曾两度举行他的作品音乐会，他还是将贝多芬交响乐《欢乐颂》译为中文的第一人。

顾毓琇文理兼通、博古通今，既是科学巨擘，又是文坛翘楚，的确是我国自古罕有的全才、奇才。

远隔重洋，爱国之心依旧

顾毓琇怀着无奈的心情离开了祖国，挡在他和祖国面前的是重重海洋。虽然与祖国相隔万里，但他仍与祖国保持着密切联系，他为祖国做过的贡献永远不会被祖国遗忘。

抗日战争期间，顾毓琇写下了许多爱国诗文，可见他拥有强烈的爱国情怀。由于政治原因，他被迫离开中国，前往美国定居。

在美国定居时，顾毓琇一直没有加入美国国籍。直到1973年，某重要国际学术会议要求参加者必须具有美国国籍，当时顾毓琇无论如何都不想错过这一会议，万般无奈之下才加入了美国国籍。

加入美国国籍后，顾毓琇更加关心祖国的命运，希望为祖国贡献力量。中美正式建交后，顾毓琇多次返回祖国，对祖国的爱越来越深。1956年9月，顾毓琇出席国际学术会议，与中国代表团亲密交流，希望尽早回国。1973年，顾毓琇冒着危险，经由伦敦、香港辗转回到阔别24年的故乡。1986年，顾毓琇专程来到上海，拜访时任上海市市长的江泽民。

顾毓琇先后8次回国，探亲、访友、讲学，为国家建设献计献策。邓小平同志曾两次接见他，采纳了他对改革开放的一些好建议。

顾毓琇在海外漂泊了半个世纪之久，却始终心系祖国，就像歌曲所唱的："洋装虽然穿在身，我心依然是中国心"。

成功启示

顾毓琇先生从小与丰富的知识相伴，或许这就是他能成为全才、奇才的重要因素之一。他没有局限自己的发展，从青年时期起，他就一方面学习科学知识，一方面活跃于文学界。顾先生一生从未间断自己的追求：科学研究、报效祖国、文学创作。正因如此，他才能成为科坛巨擘、大教育家、文坛翘楚，成为祖国罕有的全才、奇才。

桂希恩：
打响防艾抗艾第一战

人物简介：

桂希恩，传染病学教授、感染科医生、艾滋病防治专家，中国艾滋病高发区的最早发现者。把自己的美好年华奉献给了西部，默默坚守16载；远渡重洋，学习国外先进医学知识，义无反顾回国工作；首次向世人证实中国存在艾滋病例，并揭开中国第一个“艾滋病村”，从而掀开了中国防治艾滋病的序幕。2004年获得“贝利·马丁奖”；2005年当选为“2004年度感动中国十大人物”之一。2008年，荣获白求恩奖章。

在1999至2004年间，河南省上蔡县有个文楼村闻名全国。让它闻名的不是什么人人相庆的好事，而是这个村的许多村民患上了人们谈之色变的传染病——艾滋病，而让大家知道艾滋病的就是桂希恩。

远赴青海，一干就是16年

有人说，人要趁着年青的时候多锻炼自己。桂希恩做到了这一点，他远赴青海边远地区，跋山涉水前往各个偏僻农村救治病人，并且一干就是16年。

1960年，桂希恩从武汉医学院医疗系毕业后，志愿加入远赴青海的医疗队伍。志愿前往青海并不是一件奇怪的事情，然而桂希恩却在青海一待就是16年！桂希恩将他的青春献给了青海，献给了需要他帮助的病人，这需要何等的热情和耐心啊！

每当想起在青海农村工作的经历，桂希恩就会沉浸在回忆中，他曾深情地说："它给我留下了人生最珍贵的回忆！"青海的农村常常出现许多传染病，通过对病情的调查以及对病人的治疗，桂希恩获益匪浅。

直到如今，桂希恩仍然常常到农村考察，并常对学生说："不到农村一线是学不到真正的知识的。""是农民给了我们粮食，教会了我们怎样做人，我们要用知识去帮助他们，这是我一生的愿望。"

在青海农村工作的16年里，桂希恩踏遍了青海的5个民族自治州，接触过麻疹、伤寒、血吸虫病等传染病，并且他扮演的角色也多种多样，比如内外科医生、化验员、放射师等。16年的行医之路，为他积累了丰富的临床经验，为他参加防治艾滋病工作打下了坚实的基础。

1969年5月，桂希恩接到前往治多县进行病情调查的任务，途中隔着一条河，汽车无法通过。时间紧迫，桂希恩穿着短裤跳入水中，游向对岸，之后顺利完成了任务。一年后，桂希恩再赴治多，有人说："我认识你，去年你来时是从河里游过来的，从来没有人在那条河里游泳，你是第一个。"

桂希恩向青海奉献了自己的青春，在青海的16年，桂希恩获得了丰富的医学经验。1976年，桂希恩告别了生活了16年的青海，回到了自己的家乡武汉。

赴美学习，初识艾滋病

科学技术是第一生产力，而医学知识则是治疗疾病的基础。虽然当时中国并未出现艾滋病，但桂希恩还是选择了赴美学习，以便于认识这种新型传染病。18年后，桂希恩学到的艾滋病知识发挥了决定性的作用。

1976年，桂希恩从青海返回武汉，在武汉大学中南医院工作。在青海的16年使桂希恩的医术有了很大提升，如今他已经成为传染病专家，所从事的工作为传染病的研究和临床治疗。

桂希恩从事传染性疾病研究工作，在一次非常偶然的机会下，认识和接触到艾滋病。艾滋病是一种传染性疾病，并且是一种危害性极大的传染病，它主要由HIV病毒引起，专门攻击人体的淋巴细胞，可使人体丧失免疫功能，并最终导致病人死亡。这种病在当时的中国很少见，它起源于非洲，后来传入美国，进而蔓延至各大洲。

桂希恩优秀的职业素养告诉他，必须深入了解艾滋病，尽早做好防治艾滋病的准备。1981年，桂希恩远赴美国进修。

在美国，桂希恩学习了艾滋病这种新型传染病的知识，了解了它的发病机制及其危害。当时的桂希恩认为中国不会有艾滋病，然而事实却恰恰与他所认为的相反。完成了艾滋病相关知识的学习，桂希恩回国，中国也一直没有艾滋病。

桂希恩以为在他的有生之年绝不会遇见艾滋病，但就在他回国18年后，他竟成了中国揭开艾滋病面纱的第一人。桂希恩应该庆幸自己曾赴美学习，在美国的学习经历极大地帮助了他对中国的艾滋病进行调查和研究。

入访河南，发现第一个艾滋病村

对于疾病的调查是马虎不得的，尤其是危害性严重的传染病。如果桂希恩没有亲自探访文楼村，或许艾滋病的发现将会再晚几年，到那时艾滋病患者将会更多。桂希恩没有丝毫马虎，及时发现了艾滋病，为我国艾滋病防治工作作出了不可磨灭的贡献。

1999年，武汉大学中南医院的一名实习医生，在自己的老家上蔡县文楼村发现了一种怪病：很多青壮年发烧，拉肚子，怎么都治不好，还有一些人因为染上了“怪病”而相继死亡。这名实习医生将这种怪病反映给了桂希恩，桂希恩凭借多年的疾病研究经验，推测这种“怪病”可能是一种传染病。

桂希恩决定到文楼村一探究竟。1999年6月，他带着几名助手第一次来到了上蔡县文楼村。经过实地考察，桂希恩发现事情远比想象中复杂得多。桂希恩检查的第一个病人叫孔留柱，他同时伴有发烧、消瘦、腹泻等症状。在调查过几个病人的病情后，他发现病人的症状与艾滋病非常相似，发烧、口腔溃疡、出现疱疹，长期腹泻、淋巴结肿大等症状都为艾滋病症状。

桂希恩还发现，文楼村的病人都卖过血，因此他抽取了11份病人的血样。返回武汉后，他对血样进行化验，有10份血样的艾滋病病毒呈阳性。化验结果使桂希恩感到震惊，他开始意识到问题的严重性，便将调查结果汇报给当地政府和卫生局。

然而两个月的时间过去了，政府根本没有重视桂希恩的调查结果，心急如焚的桂希恩决定再进行一次调查。他再次来到文楼村，抽取了140份血样，化验结果再次印证了他的判断。

他再次将化验结果汇报给政府，并写信给时任国务院副总理的李岚清，用获得的科学数据揭开了河南省存在的艾滋病问题。河南省存在的艾滋病问题引起了政府的高度重视，桂希恩也成为了中国揭开艾滋病面纱的第一人。此后，桂希恩全身心地投入到艾滋病防治工作，开始走上了人生中的另一座事业高峰。

关爱生命，以医生的名义

桂希恩一生都勤俭节约、兢兢业业。他身先士卒，主动与艾滋病人接触，给他们关爱，是医生学习的榜样。对他自己而言，他只是全心全意地完成了自己的工作。

当桂希恩证实了艾滋病在中国的存在后，人们简直谈“艾”色变，由于人们对艾滋病不甚了解，从而对艾滋病产生了许多误解。艾滋病患者成为了人们唯恐避之不及的对象，他们被歧视，被冷待。

为我国艾滋病防治工作作出重大贡献的桂希恩，不仅没有得到人们的尊敬，反而被邻里视为怪人，连他到邻居家坐过的板凳都会被扔掉。人们对桂希恩的冷遇没有熄灭桂希恩的热情，他还特意与艾滋病病人拍了握手的照片。

桂希恩十分理解艾滋病患者的艰辛和无奈，因此他更加关爱他们，甚至做出一些“惊世骇俗”的举动。2001年，武大中南医院对5位艾滋病患者做全面检查，由于床位爆满，桂希恩最终决定把五位患者安排到自己家里，并与他们同吃同住，甚至共用餐桌和卫生间。

走进桂希恩的家里，你会发现所有家具几乎都是陈旧的，墙壁没有经过任何装饰，你不敢相信这是一位医学教授的房子。桂希恩夫妻俩在生活上都非常节俭，馒头、方便面更是成了家常便饭。5位艾滋病人住进他家的第一天，他们才尝了一回从餐馆买来的鱼香肉丝，对桂希恩夫妻而言，这算得上是“奢侈”的晚餐了。

在自己的生活方面，桂希恩总是非常节俭，但是对病人却总是十分慷慨。桂希恩曾为500多名艾滋病高危人士做检测，他们的往返路费、住宿费都是桂希恩出的，这些钱可都是他平时节省下来的，他也从来没有找医院报销过一分钱。

2004年2月，桂希恩荣获贝利·马丁奖，在颁奖典礼上，他没说一句自我赞美的话，却花费了近一个小时的时间讲述艾滋病。桂希恩以实际行动给了病人最温暖的阳光，并坚持向大家宣传：艾滋病虽然可怕，但病人不可怕，他们应该得到大家的关爱。

成功启示：

桂希恩因为艾滋病被大家关注，其实还有许多像他一样的医生。他们拥有高尚的职业道德，有知识分子的良知和责任。他们只不过是恪守了内心的职业操守，兢兢业业地完成了本职工作，他们的行为是难能可贵的，值得每一位劳动者学习。工人也好，医生也好，科学家也好，如果能够恪守自己的责任和原则，全心全意地投入工作，那么必然能够取得不俗的成绩。

华罗庚：自学成才的数学家

人物简介：

华罗庚，世界著名数学家，中国科学院院士，美国国家科学院外籍院士，中国解析数论、典型群、矩阵几何学、自守函数论与多元复变函数等很多方面研究的创始人与奠基者，被列为芝加哥科学技术博物馆中当今世界88位数学伟人之一。国际上以华氏命名的数学科研成果有“华氏定理”“华氏不等式”“华—王方法”等。

你听说过证明“1+1”的数学家陈景润吗？那么数学家陈景润的老师又是谁呢？华罗庚便是陈景润的恩师，也是众多杰出数学家的恩师，神奇的是，他自己却没有老师，完全是通过自学成为数学家的。

家境贫寒，辍学少年仍有梦

当你遇见困难，如果你低头认输了，那么你将注定失败；如果你昂起头，在困境中拼搏，那么你将提升自我，最终战胜苦难。即使缺少学习的时间和条件，华罗庚仍然挤出时间刻苦学习，如果没有切实的努力，梦想永远只能在远方。

由于家境贫穷，华罗庚自小就决心努力学习，希望自己以后能有出息。他家是开杂货店的，卖火柴和香烟等一些小东西。买烟的人大多是穷苦人，华罗庚站在柜台前，一边卖香烟一边读书，就这样度过了自己的童年。

上中学时，有一次，数学老师出了一道著名的难题：“今有物不知其数，三三数之余二，五五数之余三，七七数之余二，问物几何？”正当同学们绞尽脑汁思考时，华罗庚便站起来回答道：“23！”。数学老师惊喜不已，表扬了华罗庚。

华罗庚热爱学习，尤其喜欢数学。他全身心地投入到学习中，就像着了魔似的，脑袋里装满了数学公式。他没有什么课余活动，唯一的兴趣就是攻克数学难题。

不论是在学校还是在家里，他连走路的时候也在思考数学题，晚上就在小油灯下演算数学题目。

不幸的是，华罗庚家里太贫穷，供不起他继续上学。在他15岁那年，华罗庚辍学了。辍学后，华罗庚仍未熄灭他对数学的热情，反而更加用功地学习数学。可惜他只有一本《大代数》和一本《解析几何》，还有一本摘抄下来的50页的微积分笔记。

华罗庚必须长时间工作赚钱养家，抽出时间学习便成为了他的一个难题。为了尽可能抽出时间学习，他想出了许多常人难以做到的方法。他几乎每天都会早起，点着油灯看书、演算。到了晚上，即便天气很热，他也不外出乘凉，总是窝在房间里学习。到了冬天，他就把砚台放在脚炉上，一边烤火一边做习题。春节时，他很少去亲戚家，总是待在家里读书，因此大家都叫他“罗呆子”。

身残志坚，自学苦练终成才

华罗庚患了腿疾，导致自己行走不便，面对如此重大的打击，他没有气馁，反而更加坚强，迎难而上。凭着不懈的努力，他战胜了自己的命运，他用健全的大脑，代替了不健全的双腿。

在华罗庚18岁那年，他的一个初中老师介绍他去一个中学做事务员，主要管理杂务和打扫卫生。走上岗位后，华罗庚仍然坚持学习，但一年之后，不幸的灾难便悄然降临了。

华罗庚患上了伤寒病，高烧不退，并一度达到42度。医生检查过华罗庚的身体后，认为华罗庚已经无法救治。华罗庚躺在病床上既绝望又不甘，凭着坚韧的意志，他战胜了死神。

虽然他死里逃生，却失去了他健康的腿。5个月来，他始终躺在同一位置，造成腿部残废，走路时左腿必须先画一个大圆圈，右腿才能再迈上一小步。对于这种奇怪而费劲的脚步，他曾幽默地戏称为“圆与切线的运动”。

虽然腿部残疾，但华罗庚仍然坚持自学数学，几年之后，他有了很大进步，并开始向杂志投稿。万事开头难，一开始，他的稿件总是被拒绝。原来他所研究的问题早已被国外专家证明过。华罗庚得知这一原因后，不但没有觉得灰心丧气，反而增加了信心。

经过多次投稿，华罗庚终于有了收获。1930年，华罗庚在杂志《科学》上发表了一篇论文《苏家驹之代数的五次方程式解法不能成立的理由》。该论文在数学界引起了很大的反响，清华大学数学系主任熊庆来教授也读了这篇论文。华罗庚的论文令熊庆来惊叹不已，他迅速作出决定：应该请这个年轻人到清华来！

等到看见华罗庚之后，熊庆来才发现，写出令他惊叹的论文的，竟然是个21岁的毛头小子。华罗庚做梦也没有想到，自己竟然能够进入所有学生梦想中的最高学府。华罗庚终于离开了杂货店的小房间，来到了清华大学。

勤学苦练，先进清华再入剑桥

创造奇迹的人本身就是一个奇迹，华罗庚辍学、残疾，但他创造了一个奇迹：首先进入清华大学学习，然后又进入剑桥大学学习，而他始终只有一张初中文凭。

上天似乎先为难华罗庚，然后又悉心佑护他，使他在磨难中成长，又使他进入当时中国的最高学府——清华大学。华罗庚十分珍惜进入清华大学学习的机会，清华大学也成为了华罗庚人生的重要转折点。

由一个初中毕业生到一个大学数学教师，华罗庚仅仅用了六年半时间，不得不说，华罗庚因祸得福，其实这更依赖于他对梦想的坚持和不懈努力。他曾对友人说：“人家受的教育比我多，我必须用加倍的时间以补救我的缺失，所以人家每天8小时的工作，我要工作12小时以上才觉得安心。”

在清华大学的4年中，华罗庚不仅在数学方面发表了十几篇论文，还花费了许多时间和精力学习英、法、德等外语知识。通过努力，华罗庚从助理提升为助教，然后又提升为教员，此后还被中华文化教育基金会聘为研究员，25岁的华罗庚就已成为蜚声国际的青年学者。

在清华大学工作5年后，26岁的华罗庚被保送至英国留学，他所就读的大学便是著名的剑桥大学。在剑桥大学，华罗庚的视野更加开阔，他开始走向世界，他的数学才华也开始为世人所知。

剑桥大学的老师告诉华罗庚，他只需要一年就可获得博士学位，华罗庚回应说："我来剑桥，是为了求学问，不是为了得学位的。"他果断地放弃了博士学位，仅仅作为一名访问学者，在剑桥大学同时攻读七八门学科，并在两年时间内，就"华林问题""他利问题""奇数的哥德巴赫问题"写了18篇论文，先后发表在英、苏、印度、法、德等国的杂志上，还提出了一个被数学界称为"华氏定理"的理论。

实际上，他的每一篇论文都足以使他拿到博士学位，但他从未正式申请过任何学位，因此他唯一的一张文凭就是初中毕业文凭，即使如此，他也仍被剑桥大学视为"剑桥的光荣"。

心系祖国，远隔重洋不可挡

通过努力，他成为了世界著名的数学家，但他从来没有忘记自己是中国人，也从来没有忘记祖国对自己的培养。他两度出国，又两度回国，只为报效祖国。

1937年，国内进行着抗日战争，而此时的华罗庚还在剑桥大学学习。1938年，抗日战争进行得如火如荼，华罗庚听闻这一消息，心急如焚。剑桥大学极力挽留这位杰出的青年数学家，希望他能够继续在剑桥大学进行数学研究，他毫不犹豫地拒绝了剑桥大学的挽留。

怀着强烈的爱国之心，他风尘仆仆地回到祖国。为了避免遭受战火的干扰，当时许多大学都搬到了云南，其中西南联合大学便是其中最著名的一所大学。华罗庚回国后，清华大学晋升他为大学教授，即便当时他只有一张初中文凭。华罗庚决定前往西南联大讲课，希望为祖国培养更多有用的人才。

在西南联合大学教书期间，华罗庚不仅教导学生学习数学知识，而且十分注重数学方法在工农业生产中的直接应用。他不仅在教室中教学，还经常亲临工厂进行生产指导，进行数学应用普及工作，另外为了提高广大青少年的科学素养，他亲自编写了许多科普读物。

1946年，国内的“白色恐怖”迫使华罗庚再次出国。华罗庚来到美国，被伊利诺大学聘为终身教授，还给了他相当优厚的待遇，希望他能建立顶级的代数研究中心。1950年，华罗庚得知了祖国解放的消息，便毅然辞去了教授一职，放弃了优厚的待遇，携家返回祖国。

华罗庚回到祖国后便投入到了数学研究和教学中，不仅将数学应用于生产中，还培养了王元、陈景润、陆启铿等一大批杰出数学家。华罗庚不仅仅是一位数学家，更是一位爱国英雄，他的一生几乎全用在数学上，他的一生也都在为祖国做贡献。

成功启示

华罗庚是青少年自学成才的优秀榜样。在艰苦的条件下，他仍然能够坚持自学，最终成为没有大学毕业文凭的数学家。“不怕困难，刻苦学习，是我学好数学最主要的经验”，“所谓天才就是靠坚持不懈的努力”，这些话语就是他给我们最宝贵的教导。华罗庚告诉我们，只要通过不懈的努力，就能创造奇迹。

黄伯云：用科技发明造福全中国

人物简介：

黄伯云，粉末冶金专家，中国工程院院士。曾赴美留学，获爱荷华州立大学工学硕士、博士学位。1988年，他返回中国，致力于粉末冶金材料研究，曾获得国家授权的发明专利达10多项，发表EI、SCI论文80余篇，多次获得国家技术发明奖和国家科技进步奖。

特斯拉发明了交流电，仅此一项发明就足以使他名垂千古、家财万贯，但他将这项伟大发明无偿献给了整个世界。在中国冶金科学界，也有这么一位特斯拉式的科学家，他忘我地沉浸于科研工作中，将一项项意义重大的发明献给自己的祖国，造福于所有中国人。他便是黄伯云。

虽出身农民，学有所成终归国

多少人发奋学习，都只为有朝一日出人头地，然而黄伯云却放弃了唾手可得的美好前程，毅然返回祖国，对他而言，为国效力才是真正的美好前程。

1945年，黄伯云于出生于湖南一个穷困农民家庭，他出生后不久便迎来了新中国成立。在贫苦的家庭长大，黄伯云从小就养成了吃苦耐劳、勤奋好学的品质。1964年，黄伯云以优异的成绩考入亚洲最好的矿冶学府——中南矿冶学院。

1969年，黄伯云从中南矿冶学院毕业，留校从事科研和教学工作。“文革”期间，黄伯云不受干扰，始终潜心从事研究工作。

1978年，黄伯云的命运发生了改变，他参加全国公费出国留学人员英语统一考试，最终获得赴美留学的机会。

在美国留学的8年里，黄伯云接触到世界上最前沿的冶金技术和理论，还参与了许多极具学术价值的实验。他曾采用无坩埚生长技术研制出了当时世界上最大的钛铝合金单晶，相继发表了十几篇有重大影响力的学术论文，这些论文受到美、日、法等国科学家的高度评价，更有一些论文被国际著名的《冶金学报》等杂志发表。他还著有专著《钛铝化合物的晶体生长》，由美国政府出版社出版。

当时许多大公司、科研机构都争相高薪聘请他，开给他的年薪最高达到10万美元，最低也有4万美元，这可是当时中国同行的百倍之多。另外，他的妻子和女儿也非常希望继续留在美国。

面对种种让他继续留在美国的有利因素，黄伯云开始反思：祖国虽然在某些方面还比较落后，我们正是为了改变这种落后，才远渡重洋来学习，何况祖国的暂时落后更给我提供了用武之地！

1988年5月，黄伯云举家返回祖国，返回自己的母校，并进入粉末研究所工作。

为破技术难关，不惜奋斗二十载

科研事业是需要耐心的，科学家更需要耐得住寂寞。仅为了攻克一个科研项目，黄伯云就奋战了二十载，最终他收获了来之不易的成功，实现了报效祖国的宏伟愿望。

回国后，问题接踵而至，女儿由于汉语基础差，在学校学习和交流存在困难，他只好专门请人辅导她；当时国内仍实行粮食定量供应制，由于刚从国外回来，他的粮食关系并没有恢复，粮店因此不供应他的口粮，他们一家只好买议价粮吃；在美国他能开汽车，但回到中国他只好以自行车代替汽车。

即使存在诸如此类的问题，黄伯云并没有怨言，而是将所有精力用在研究工作上。虽然在生活上存在困难，但黄伯云却有一种在美国从未有过的责任感和使命感。

在美国，他一心想报效祖国，回到中国后，他身体力行，先后承担了10多项国家重点科研课题。

碳/碳复合材料是一种优良的航空制动材料，使用寿命是传统材料的4倍，重量是传统材料的1/4，被称为“黑色的金子”。当时，美国、英国、法国等3国垄断了该材料的生产制备技术。我国飞机以及许多军事装备的生产都需要这种材料，并未掌握该材料生产技术的我国，只能全部依赖进口产品。为此，我国每年不仅花费大量外汇购买，而且在军事发展上也受制于人。

黄伯云深知碳/碳复合材料对于我国的重要性，也明白掌握该材料生产技术的重要性和迫切性。黄伯云说：“祖国的需要就是自己的任务！我们要尽快赶上去！”20世纪90年代初，他投入并主持了碳/碳复合材料生产技术的研究。

怀着高度的责任感和使命感，黄伯云率领60多人组成了课题组，历经20年的不懈研究，终于攻克了碳/碳航空制动材料的制备技术，使得中国成为了继英、法、美后第4个拥有该技术的国家。

发明不嫌多，既搞科研又创业

黄伯云就像一位踏实奋进的农民，不满足也不自谦，只是踏踏实实地劳作，不断取得好成绩。他始终埋头于科研工作，不断创造出新的发明，最后他开始了“科学创业”。

学术是无止境的，发明也是无穷无尽的，黄伯云知道自己还能取得突破，虽然人生没有多少个20年，但他坚信，他还能再次为祖国做出巨大的贡献。

黄伯云将研究方向锁定在粉末注射成型和金属间化合物方面。他主持了“高性能粉末冶金飞机刹车材料制造”项目，并最终获得成功。该项目突破了传统材料的“稳定性差”和“耐磨损性差”的两大技术难题，实现了某型号军用飞机刹车材料的国产化，为我国节约了大量外汇。

黄伯云还完成了“铁基、钨基复杂精细零部件注射成型技术”项目，研发了一系列我国独立自主的新技术，为国防工业和国民经济建设提供了一套核心技术，意义巨大。他先后完成了多个对我国国家建设具有重要意义的科研项目，所研发的技术被应用于我国国防建设、工业生产、人造卫星、航天航空等领域。

黄伯云就像科学界吃苦耐劳的“农民”，每天在风吹日晒、不辞劳苦，下到“田里”，种出的是“粮食”和“果实”。与理论研究者完全不同，黄伯云没有躲在象牙塔里，没有躲在稿纸堆里，而是凭着坚定的意念和强烈的责任感，将一项项科学技术转化为实际的产品，将科学技术转化为生产力。

为了让科技成果转化更加有效，黄伯云竟然想到了“创业”。

从1994年起，他先后创办了粉末注射成型、粉末挤压成型、高性能制动材料等4家学科性公司。实现科技成果转化的形式，从研究小组转换为学科性公司，黄伯云的收获也从单纯的科技产品，转变为产业化、市场化的科技产品，他为国家做出的贡献也更大了。

黄伯云所创办的学科性公司每年都为我国生产大量先进的科技产品，能为我国节约数十亿外汇，还可以继续提供更多更先进的科技成果。黄伯云这位科学界的“农民”俨然开起了自己“农场”。

爱国赤子心，不图名亦不图利

回顾黄伯云的奋斗历程，我们能感受到黄伯云强烈的爱国情怀，他对祖国赤诚的热爱就是他前进和奋斗的动力，他的目的不是为了名也不是为了利，他的目的仅仅是为了报效祖国。

虽然黄伯云在科研路上取得了一项又一项非凡的成果，但却绝非是一帆风顺的，所遇到的技术难题不亚于冒险者遇见的险峰峭壁，为了到达下一个关口，黄伯云常常夜以继日地耗费数年时间。

例如，在碳/碳航空制动材料的制备技术项目中，黄伯云竟然默默无闻地坚持研究了20年，最终才突破重重技术难题，获得了项目的成功。碳/碳航空制动材料的制备技术项目使他一举成名、获赞无数，但他丝毫不计名利，继续投入新的科研项目中。

黄伯云将国家和民族的利益当作了自己的利益。他总是毫不满足，惜时如金。无论是节假日还是深夜，只要手上有工作，他就会将工作放在第一位。

黄伯云获奖无数，身兼数职，他不仅会很好地完成各种公务上的工作，还会积极参与科研项目的工作。吃饭快、走路快、工作节奏快已经是他多年来的习惯，他的科研秘书曾说："偶尔我会陪他散步，但是他哪里是散步，就是竞走。"

这么多年来，他几乎每天工作12小时，节假日也不曾休息，甚至连春节也没好好过。"活着就要拼命干"似乎成为了他的生活信条。甚至有时生病了，他也会要"小孩脾气"，坚持回科研小组工作。

2005年，黄伯云被评为"2004年度感动中国十大人物"之一。黄伯云足以使所有中国人感动，他为祖国做出的贡献值得所有中国人铭记。

成功启示

每个人的人生目标不同，黄伯云的人生目标就是强国富民。为了他心中的宏伟目标，他没有被许许多多的小目标牵绊，没有被巨大的利益阻挡，他最终回到祖国，在艰苦的条件下从事研究。实现人生目标的路途充满艰险，黄伯云几十年如一日，耐得住寂寞，最终创造了一项项发明，为我国国家建设做出了巨大贡献。

季羡林：从顽童到学术宗师

人物简介：

季羡林，国际著名东方学大师、语言学家、文学家、国学家、佛学家、史学家、教育家和社会活动家。历任北京大学副校长、中国社会科学院南亚研究所所长，是北京大学的终身教授。早年留学国外，通英文、德文、梵文和巴利文，能阅俄文、法文，是世界上仅有的精于吐火罗文的几位学者之一。其著作汇编成《季羡林文集》，共有24卷。他有国学大师、学界泰斗、国宝的美誉。

季羡林是一位世间少有的学界泰斗，他的一生几乎都是在学习和治学中度过的。他经历过动荡年代，还身处异国他乡十几年，然而他始终坚持真我，达到了不为所动、宠辱不惊的大师境界。

厌学顽童，勇夺甲等第一

季羡林的童年有过一段十分辛酸的经历，他离开了自己的父母，背井离乡的他还十分厌学。然而生命总是充满许多巧合，顽童季羡林就因为一些巧合，成为了一名热爱学习、成绩优异的学生。

季羡林出生于一个贫困的家庭，他们家一贫如洗，就连玉米都成了珍品，一年只能吃两次白面。

当时季羡林是家里唯一的男孩，而济南的叔父则膝下无子，只有一个女儿。季羡林的父亲和叔父都把家族的希望寄托在他的身上，希望他今后能有出息。由于叔父家庭条件好，季羡林便被过继到了叔父家。

后来，季羡林的母亲非常后悔将季羡林寄养在叔父家，但季羡林自己也知道，如果没有叔父的帮助，他不可能成为一名知识分子。

就像所有的孩子一样，季羡林在小时候也很贪玩。叔父想要好好培养他，但他却胸无大志，反而偏偏看些“闲书”，比如《西游记》《济公传》《封神演义》《施公案》等书。待到小学毕业，他知道自己成绩不好，只好报考了“二流”的正谊中学。

上中学后，叔父对季羡林要求更加严格，甚至亲自编选理学文章教导季羡林。叔父对他寄予的厚望他却丝毫没有体会到，反而非常排斥颇显枯燥的理学。叔父还专门花钱让他上古文学习班，在古文学习班学习《左传》《战国策》《史记》等书。另外，叔父还让他上英文学社学习英语。

季羡林按照叔父的要求学习，在完成任务后便读有趣得多的课外书，比如《三国演义》《红楼梦》《西厢记》等小说。从正谊中学毕业后，季羡林继续在这所学校念了半年高中，随后转入了山东大学附属高中。

有一次，国文老师布置了一道作文题，季羡林的作文得到了“亦简劲，亦畅达”的批语。老师的批语令季羡林在吃惊之余，也对古文产生了浓厚的兴趣。他开始阅读《韩吕黎集》《柳宗元集》等名家文集。通过饶有兴味的学习，季羡林竟然在期末获得了甲等第一名的好成绩，他各科成绩的平均分超过95分，就连山东大学的校长也亲自为他题字。

经过老师的鼓励和校长的表扬，季羡林对学习产生了浓厚的兴趣，此后更是一发不可收拾，竟连续四学期考了甲等第一，他也因此在山大附中名声大震。

“全校之冠” 留学异国他乡

季羡林的生命又迎来了一次巧合，那时恰逢白话文运动，涌现出了鲁迅、胡适、巴金等文学大家。季羡林受到了白话文运动的感染，从而走上了文学创作之路。此后，落魄的他又被录取为留学生，他也正是由此才走上学术道路的。

在高中最后一年，一位新老师接替了季羡林原来的老师，这位老师每次出作文题都不作要求，只在黑板上写“随便写来”四个大字。学生们拥有了充分的写作自由，季羡林也非常喜欢这种方式。他一改原来的古文写法，竟用白话文来写文章，没想到他的这一创举被老师赞为“全校之冠”。

自从用白话文写作文后，季羡林就开始阅读鲁迅、胡适、郭沫若等人的小说和散文，季羡林长达70年的写作生涯也是从此时开始的。这一年，他在报纸上发表了《文明人的公理》等三篇文章。在读写白话文时，他也没有放弃对古籍的学习，在最后两个学期再获甲等第一名。季羡林连获6次甲等第一，成为了名副其实的“6连冠”。

1930年，季羡林以优异的成绩成功考取了清华大学和北京大学。由于清华大学出国机会更多，季羡林便选择了清华大学，专业为夕阳文学系的德文。

季羡林在大学四年中不仅学习了德文，还旁听了朱光潜、陈寅恪和吴宓等大师讲授的课程，所受到的影响颇为深远。

从清华大学毕业后，季羡林找工作并不顺利，最后回到了济南高中教国文。当时班上有些学生比他还大，而且大部分学生都上过私塾，甚至有些老师还被学生赶下台过。季羡林如履薄冰地教学生国文，深怕丢了自己的饭碗。

教了一年国文之后，季羡林逢来好运，被录取为德国留学研究生。当时去德国留学有许多专业可供选择，季羡林一时间不知道该选择什么专业才好。

当时他的一个清华校友劝他去德国学习关于保险方面的课程，不仅可以保证饭碗不会丢，而且说不定还能够抱住一个金饭碗。季羡林并没有听从这位校友的建议，在考虑选专业时，他认为不能选与国学相关的专业，因为外国的国学肯定不如中国。最后，他选择了印度学，两个副系分别为英语和斯拉夫语。

1935年9月，季羡林奔赴德国哥廷根大学，开启了在异国他乡的留学之旅。

学成回国，难舍异国之恋

正值青春年华的季羡林在异国他乡遇到了一位美丽又善良的

姑娘，他们相互理解和帮助，彼此成为心灵上的美好伴侣。季羡林知道他们终有一别，当季羡林学业结束，他便忍痛告别了她，踏上了回国的道路。

在德国哥廷根大学求学期间，季羡林不仅学习到了丰富的知识，还结交了一位使他终生难忘的红颜知己。

季羡林在德国求学期间所租住的房子就在校友田德望住所的附近，有一次受田德望之邀，季羡林拜访了他。田德望租住在迈耶家，季羡林敲开迈耶家门后，为他开门的就是迈耶家的大女儿伊姆加德。

此后几乎每隔两个星期，季羡林都要拜访田德望一次，而每次为他开门的都是伊姆加德，他们之间并没有多少对话，通常只是相互问好。

1937年，季羡林开始准备博士论文，想到博士论文必须打印成文稿时，季羡林开始犯难。季羡林当时可是个穷学生，哪里买得起一台打印机。

一天，季羡林在修改论文时，他的门被敲响了，原来是伊姆加德。她说："听说你需要打印机，我们家就有一台，我们可以帮你打印，因为我正好想练习打字。"

在接下来的几年时间里，伊姆加德为季羡林打印了许多次文稿，而她的条件就是让他陪她散步。当季羡林数百万字的博士论文完成后，他们的足迹也几乎遍布了整个哥根廷。迈耶家也常常邀请季羡林一起吃晚餐，季羡林还为伊姆加德庆祝过生日。

有一次，伊姆加德向季羡林表露了自己的心意，这使季羡林陷入了矛盾之中。他不想错过伊姆加德这么好的姑娘，但也不能因为爱情耽误了回国的大事。终于有一天，季羡林对伊姆加德说："我要离开了，我的祖国需要我……"

1945年10月6日，季羡林告别了伤心的伊姆加德，并表示希望她能将自己托付给更好的男子。回国后，季羡林再也没有联系过伊姆加德，但眼前却经常浮现这位姑娘美丽的身影。

勤于治学，终成一代宗师

学有所成的季羡林没有辜负祖国对自己的培养，他热爱自己的学术研究，他的一生的精力几乎都用在学术上。直至晚年，季羡林先生在治学上仍没有丝毫懈怠，即使被尊称为学界泰斗，他也没有丝毫自满。

由于当时正在进行第二次世界大战，因此季羡林在德国滞留了近11年之久，在异常艰苦的条件下，他不仅精通印度学，还精通英文、德文、梵文、巴利语、吠陀语、法语、俄语，通晓中亚古代语言吐火罗语，为他今后研究印度史、印度佛教史、中西文化交流史打下了坚实的基础。他曾经在哥根廷大学发表的印度学领域的德文论文至今仍是该领域的重要文献。

1946年，经过陈寅恪、胡适等人的推荐，季羡林被聘为北京大学教授兼东方语言文学系系主任。教学工作只是季羡林的一部分工作，他的工作重心仍然是学术研究。为了潜心进行学术研究，他独自一人居住了16年之久，后来才肯把家属接过来一起住。

即使自己已经暮年，季羡林也仍没有放弃学术研究。他平生中最艰巨的两部书，分别是长达80万字的《蔗糖史》和长达数十万字的《弥勒会见记剧本》译释，都是在他耄耋之年才完成的。一个八十多岁的老人每天都风雨无阻地去图书馆翻阅资料，甚至在住院时也一边输液一边提笔写字。

季羡林终其一生都在治学和育人，一生著作繁多，部部都是学术经典，一生培养了6000名弟子，其中不少人已成国家栋梁、学术大师。如今季羡林先生虽然仙逝，但他的治学态度和为人之道仍然为后人传颂。

成功启示

季羡林先生小时候贪玩厌学，谁也不会想到他日后将成为一代学术宗师。喜欢读闲书的他实际上在阅读中汲取了不少营养，直到老师发现了他的优点并予以鼓励，他才开始找到自己的兴趣和长处。兴趣是最好的老师，季羡林勇夺“六连冠”就是明证。日后他又走上了学术之路，他以甘于寂寞、宠辱不惊、埋头苦干的治学精神，克服了种种苦难，终成一代学术宗师。

郎朗：天才来自于勤奋

人物简介：

郎朗，出生于沈阳一个音乐氛围十分浓厚的家庭，自小便展露出超人的音乐天赋，通过常人难以想象的刻苦练习，自5岁起便过关斩将，夺得各大钢琴比赛冠军，先后进入中央音乐学院附小和美国柯蒂斯音乐学院学习，与世界各大一流乐团签约，参演无数国际著名音乐会，被称为“中国的莫扎特”“21世纪的霍洛维茨”。

当听到“中国钢琴家”的声音时，我们一定会想到郎朗。如今的郎朗已经是世界著名的钢琴家，他的钢琴演奏获得了世界各国人民的赞许。郎朗成名后的各种光荣履历闪耀着梦幻般的光辉，但我们却很少知道郎朗取得成功之前所付出的努力。郎朗从3岁起便学习钢琴，十几年如一日地勤学苦练，如果没有付出超乎常人的努力，旷世奇才恐怕只会沦为第二个“方仲永”。

3岁学琴，小荷初露头角

郎朗在很小的时候便展露出惊人的音乐天赋，郎朗的父亲郎国任“因材施教”，决定全力培养孩子的音乐才能，郎朗的音乐传奇便由此展开。

才两岁半的小郎朗在看动画片《猫和老鼠》，当他听见汤姆猫在演奏的《匈牙利第二号狂想曲》时，顿时眼睛发亮、精神抖擞，深深地被奇妙的音乐吸引住了。汤姆猫弹钢琴时流利的手指令小郎朗十分羡慕，他也想拥有一双像钢琴家那样的手。

小郎朗对音乐天生的兴趣与他的家庭有密切关系，郎朗出生于沈阳市一个音乐氛围浓厚的家庭，他的祖父是一名音乐教师，他的父亲是一名文艺兵，他的母亲是学校文艺骨干。郎朗从小就对音乐耳濡目染，他的父亲更是天天以二胡与他做伴。

凭着对钢琴的兴趣，小郎朗捣鼓起家里的旧钢琴，不久后，竟无师自通地弹会了基本旋律，还能演奏《西游记》主题曲。郎朗的音乐天赋引起父亲郎国任的注意，郎国任对此很重视，并有意识地对郎朗进行启蒙教育。郎朗3岁时，父亲决定送他去学钢琴，郎朗的第一位钢琴教师是沈阳音乐学院的朱雅芬教授。

朱雅芬老师十分喜欢小郎朗，热爱音乐的小郎朗学习也十分刻苦，还立志成为一名钢琴家。郎朗的父亲对他要求很严格，郎朗从3岁开始就没有玩耍的时间，几乎每天都要练习5个小时的钢琴。

郎朗5岁时，朱雅芬老师带他参加东北三省少年儿童钢琴比赛，结果郎朗获得了第一名，赛后还举办了人生中的第一次个人演奏会。郎朗7岁时，又参加了沈阳市少年儿童钢琴比赛，再次获得了第一名。

只有7岁的郎朗就获得了两次钢琴比赛的第一名，评委老师都称赞他为钢琴天才。年幼的郎朗获得如此成绩，就好像“才露尖尖角的小荷”，郎国任开始对儿子充满信心，同时也有了更长远的打算。

入京求学，遭遇困难重重

世界上的神童有很多，他们令我们惊讶、赞叹和期待，但并非所有神童都能够继续健康成长，他们或骄傲懒惰而沦为庸才，或遇到挫折而中途放弃。在郎朗的钢琴之路上，出现了一只又一只“拦路虎”，所幸郎国任先生和郎朗能够相互鼓励、坚持到底。

郎国任认为郎朗的潜力很大，需要更好的老师教他，需要在更好的学校学习，便考虑将郎朗送到北京的中央音乐学院附小，然而摆在郎朗和郎朗父亲面前的是多重困难。

首先，中央音乐学院附小专门培养音乐天赋较高的少年儿童，且每年每个年级只有十几个入学名额，而竞争人数却有数千人之多。即使郎朗拥有极高的音乐天赋，取得不俗的成绩，但也不能排除在竞争中被淘汰。

其次，郎朗还小，很难适应变化。郎朗听闻父亲要将他送到北京，心里非常不愿意，他舍不得离开妈妈，也舍不得朱雅芬老师，毕竟郎朗还是一个7岁的小孩。

最后，即使郎朗成功进入中央音乐学院附小，年幼的郎朗也需要有人照顾。郎朗父母都在沈阳工作，不便前往北京照顾郎朗。就在这个紧要关头，郎国任狠下心，决定辞去在警局的工作，陪郎朗一同前往北京备考。

郎国任只身前往北京寻觅住所，随后郎朗的母亲把郎朗送到北京。郎朗一来到住所，还没来得及熟悉一下环境，便投入到了钢琴练习中。郎朗的母亲告诉郎朗，以后他就由父亲照顾，父亲会给他做饭、洗衣，随后便离开了北京。

郎朗每天都进行刻苦的练习，常常练琴直到深夜，邻居们多次抱怨郎朗打扰他们休息。经过9个月的备考，郎朗终于迎来了中央音乐学院附小的入学考试。

凭着扎实的基础和天赋，郎朗通过了两轮选拔，并一举夺得了入学考试的第一名，排在3千多名考生的最前面。

纵横赛场，入美音乐学院深造

郎朗无疑是一个钢琴天才，要发掘出他的音乐才华，就需要更大的舞台，需要更多的磨练。进入中央音乐学院附小是一个郎朗音乐传奇的一个重要转折点，也是一个跳向更高更远处的踏板，郎朗需要纵身一跃。

进入中央音乐学院附小后，郎朗满以为实现了梦想，郎国任却对郎朗说："郎朗，一次胜利是不够的。况且，你这赢的不是比赛。你只是获得了音乐学院附小的录取。"

郎朗一如既往地刻苦练琴，即使回老家探亲，也仍坚持每天练琴8小时，一天只有2小时用来看望亲友。在中央音乐学院附小，郎朗更是如饥似渴地学习新的乐曲，琢磨新的弹奏技巧。

在学校举行的钢琴比赛中，郎朗击败了多位同学，获得了第一名。11岁时，他参加“星海杯”全国少年儿童钢琴比赛，同样获得了第一名。当时，郎朗已经被公认为9至12岁阶段最优秀的钢琴手。

郎国任告诫郎朗不可自满，并对他说：“全国比赛不算回事儿，国际比赛才是动真格儿的。”1994年，12岁的郎朗参加了德国埃特林根第四届国际青少年钢琴比赛，一鸣惊人地获得冠军，还收获了该赛首次颁发的杰出艺术成就奖。这是埃特林根大赛首次给同一个人颁发两项大奖，也是当时中国同年龄段琴童在国际上取得的最好成绩。

1995年，13岁的郎朗赴日参加第二届柴科夫斯基国际青年音乐家比赛。该比赛是全世界影响最大的青少年钢琴比赛，参赛者都是来自世界各国的杰出青年钢琴家。比赛中，郎朗力压其他同年龄段的钢琴高手，一举获得金奖。

事实证明，郎朗不是一名普通的青年钢琴手，他不仅能够在国内比赛中屡战屡胜，而且在国际赛场上也能所向披靡。郎国任觉得郎朗具备走向世界的潜力，就像当初那样将郎朗从沈阳送到北京，如今郎国任决定将郎朗从北京送到国外。于是，郎朗从中央音乐学院附中退学，报考美国科蒂斯音乐学院。

钢琴大师加里·格拉夫曼对郎朗早有耳闻，他看完郎朗的比赛录像后，为了协助郎朗尽快参加当年的柯蒂斯音乐学院入学考试，便给郎朗寄来了报名表、邀请函和给美国领事馆的信。1997年3月，14岁的郎朗参加了美国科蒂斯音乐学院的入学考试，正如曾经参加中央音乐学院附小的入学考试一样，郎朗有惊无险地拿下了考试的第一名。

赴美留学前的近半年时间内，郎朗在我国各个城市举办了告别巡演，其中在沈阳市中华剧场的个人独奏音乐会上，他深情地弹奏了钢琴曲《我的祖国》。

得遇伯乐，登台成名天下

郎朗积极参加各种国际比赛，且表现极为出色，这引起了一位名师的注意，他就是此后执教他并帮助他的钢琴大师加里·格拉夫曼。古今多少能人贤士因未遇上伯乐而被埋没，一个拥有才华的人应当努力让更多的人认识自己、发现自己。

1997年9月，郎朗前往美国柯蒂斯音乐学院学习，他的老师正是曾经给他提供过帮助的钢琴大师加里·格拉夫曼。在加里·格拉夫曼的指导下，郎朗的琴艺日趋成熟，还获得了许多与知名乐团合作的机会。

1997年底，格拉夫曼再次为郎朗提供了帮助，他将郎朗引荐给国际著名的IMG演出经纪公司，而郎朗则成功通过甄选，并与该公司签约，正式走上了职业演奏家的道路。

1999年8月，美国芝加哥拉维尼亚音乐节的“世纪庆典”明星音乐会钢琴家因病退出，音乐会总监便让郎朗替补上场。郎朗与芝加哥交响乐团合作演出了《柴科夫斯基第一钢琴协奏曲》。演出结束后，全场3万多名听众全体起立欢呼。当晚郎朗还在拉维尼亚独奏厅演奏了巴赫的高难度独奏曲目《哥德堡变奏曲》。

得益于美国芝加哥拉维尼亚音乐节这个舞台，年轻的中国男孩郎朗名声鹊起，随后陆续与世界各大一流乐团签约，接踵而至的便是各种国际音乐会上的钢琴演奏。自2001年起，郎朗每年都会参加各种国际著名音乐会，他出色的音乐才华渐渐被全世界人认识并认可。

法国《星期天日报》将郎朗称为“中国的莫扎特”，德国《镜报》则将其称为“21世纪的霍洛维茨”，德国《世界报》认为他是“当今世界最成功的钢琴家”。

成功启示

每个人都有自己与众不同的才华，每个人都拥有最适合自己的道路，拥有音乐天赋的郎朗则选择了音乐之路。我们应当善于发现自己的才华，并珍惜和发掘自己的才华，郎朗的父亲发现了郎朗的音乐才华，并很好地保护和发掘了郎朗的音乐才华。没有哪个人生来就是成功者，即使聪明过人的爱迪生也强调了刻苦努力的重要性：“天才就是1%的灵感加上99%的汗水”。郎朗破茧而出之前，经受的磨难和苦痛是异乎常人的，或许这就是天才的代价。

李安：
架起东西文化的桥梁

人物简介：

李安，享誉全球的编剧和导演。1995年，他凭借英文电影《理智与情感》，获得奥斯卡金像奖七项提名，进入好莱坞A级导演行列；1999年，执导的影片《卧虎藏龙》斩获奥斯卡金像奖最佳外语片奖；2006和2013年，凭借《断背山》和《少年派的奇幻漂流》成为首位两度获得奥斯卡金像奖最佳导演奖的亚洲导演；曾被评为“影响世界的一百人之一”“当代最伟大的50位电影导演之一”。

李安是一位世界知名导演，他执导的影片广受好评。他的人生经历和他执导的影片一样，充满着传奇色彩。李安从一个平凡的高中生，逐渐成长为一名世界知名导演，全因深深埋藏在他心中的导演之梦。李安实现梦想的历程充满了艰辛和绝望，李安最难能可贵之处是，在梦想几近破灭的时候，仍然能够在绝望中坚持自己，不断为梦想付出努力。

蛰居六年，坚守梦想

许多人都曾为梦想奋斗过努力过，许多人也可能在途中放弃了梦想。李安的梦想几乎破灭，他也几乎在追梦的路途上倒下。所幸他始终怀抱着自己的梦想，在艰苦的条件下，仍然默默地努力。

李安1954年出生在台北，高一时他父亲让他填一个表格，上面有几百个科目，他没有一个喜欢的科目。他父亲就问他："你喜欢做什么？"李安说："我想做电影导演。"所有人都笑，李安自己也笑。

怀着成为一名导演的坚定信念，李安不断努力和付出——先是进入艺术学院学习，毕业后在伊利诺斯大学学戏剧导演，后又前往纽约大学学习电影制作。1984年，李安以《分界线》作为毕业作品，从纽约大学毕业。

虽然李安为成为导演的梦想付出了很大的努力，但他仍然没能顺利成为一名导演。李安的毕业作品《分界线》曾获得过短片大奖，一家经纪人公司因此看中了李安，邀请他留在美国发展。在经纪公司期间，李安始终无戏可拍，无所事事，除了导演这份工作外，李安几乎不会做其他工作。

李安在他30岁到36岁之间的整整6年时间内，完全处于失业状态。幸运的是，李安的太太林惠嘉非常体谅他，并且鼓励他坚持自己的梦想。李安在6年里，每天都在家做饭带孩子、写剧本，还研究了好莱坞电影的剧本结构和制作方法，并渐渐萌生了将中国文化和美国文化有机结合的想法。

6年里，林惠嘉负责了家里的所有开销，并鼓励李安要坚持自己的梦想。林惠嘉是一名从事医学工作的生物学博士，她具有很高的素养，从不以金钱衡量人的价值，她相信李安是一个很有天分和才华的人，有朝一日一定会成为一名杰出的导演。

《推手》与《喜宴》，探索两种文化的差异

在蛰居的6年里，李安不仅没有放弃梦想，反而为了梦想充实了自己。6年里，李安完成了许多出色的剧本，并探索了好莱坞电影的内涵，以及萌生了自己的电影构想。李安一直在等待机会，一旦这个机会出现，他这颗璀璨的明珠就会在众人面前闪耀光芒。

1990年，李安完成了剧本《推手》，获得了优秀剧作奖。该剧本让李安获得了40万元奖金，还使他有机会独立执导影片《推手》。

"我永远记得那个夏天……"发掘李安的徐立功回忆起他们初次相见的情景说："李安就穿着一件淡蓝泛白的T恤，一条破旧的牛仔裤，脸上挂着一副腼腆的笑容。"半个小时内，他们就敲定了李安的处女作《推手》的合作计划。1992年，李安亲自执导《推手》。为了尽量节省制作经

费，李安甚至把自己家里的家具搬来做道具，还请求自己的大儿子免费饰演影片中孙子的角色。由于男主角在一场戏中砸坏了餐桌，李安家中很长时间都没有餐桌用。

影片《推手》反映了生活在纽约的一家台湾人在生活中存在的代沟以及文化差异，该影片获得了金马奖最佳导演等8个奖项的提名，还获得最佳男主角、最佳女主角及最佳导演评审团特别奖。此外，该片还获得亚太影展最佳影片奖。

实际上，李安不是只写了《推手》这一个剧本，赋闲在家的6年里，李安写了许多精彩的剧本。除了《推手》外，另一部剧本《喜宴》的题材更为敏感。由于《推手》取得了巨大的成功，电影制作公司对《喜宴》也抱有很大的信心。1993年，李安执导的第二部影片《喜宴》上映。《喜宴》探讨了不同民族对于家庭、两性关系和同性恋的认识。

李安在赋闲的6年里，认真研究了好莱坞剧本及其电影制作方式。《喜宴》正是借助了好莱坞的电影制作模式，将中国文化和美国文化融为一体，上映后获得了一致的好评，在柏林电影节上荣获金熊奖，在西雅图电影节上获最佳导演奖，还获得了金球奖和奥斯卡奖最佳外语片的提名。

在《推手》和《喜宴》取得成功之后，此后便一发不可收拾，1994年拍摄《饮食男女》，1995年执导他的第一部英语影片《理智与情感》，1997年执导《冰风暴》。这些影片获得了广泛的好评，李安也因此一举跃入世界知名导演的行列。

继续执导，行走在卧虎藏龙的好莱坞

李安如愿以偿地成为了一名导演，然而成为导演并非重点，导演只是创作电影的身份，对于李安而言，真正的梦想是创作出色的电影，李安的《卧虎藏龙》便实现了好莱坞式中国电影的构想。

李安回到中国内地，意欲拍摄一部好莱坞式的中国电影，这部电影就是《卧虎藏龙》。1999年，李安开始拍摄《卧虎藏龙》。

李安曾说，导演许多时候都是在处理许多琐碎的事务。早在筹拍期间，李安就开始让周润发、杨紫琼学说普通话，让周润发学太极拳，让杨紫琼练习各类武术。当时参演的章子怡才19岁，每天要做13个小时的功课，这些功课包括礼仪、书法、武术、骑马等。

在细节上做得如此周到，执导过程就更不必说了。李安细心地打磨出了一部好莱坞式中国电影，《卧虎藏龙》上映后创下了美国有史以来外语片的最高票房纪录，并横扫多个国际影展奖项，包括奥斯卡金像奖最佳外语片、金球奖最佳外语片及最佳导演、独立精神奖最佳影片及最佳导演、香港电影金像奖最佳影片等。

《卧虎藏龙》的意义不仅仅在于它取得的成功，而更在于它将中国文化推向了世界，同时也将美国好莱坞的电影文化带到了中国。《卧虎藏龙》很好地起到了进行中西电影文化交流的重要作用。

《卧虎藏龙》取得巨大成功后，李安回到了美国，继续在好莱坞发展。2002年，他接拍好莱坞科幻电影《绿巨人》。然而令李安始料未及的是，该影片上映后就遭受到了普遍恶评，他也因此感到身心俱疲，一度萌生退意。

2005年，李安重振旗鼓，拍摄《断背山》。《断背山》刚一上映，就在美国社会引起了巨大反响，这部探讨同性恋的影片在国际影坛掀起了巨浪，一举夺得金球奖最佳剧情片、最佳导演及最佳剧本等多项大奖，李安也凭借《断背山》成为首位夺得奥斯卡最佳导演奖的华人导演。

接受挑战，拍摄《少年派的奇幻漂流》

功成名就的李安一点也没有激流勇退的意思，相反，他始终踏踏实实地拍电影，不在乎名利，也不因循守旧，锐意进取、不断创新，完成了一次次对自己的挑战，也为我们带来了一部部精彩大片。

《推手》《喜宴》《理智与情感》《卧虎藏龙》《断背山》《色戒》，从李安执导的影片名单来看，我们发现几乎每一部影片都取得了或大或小的成功，几乎每一部电影都是李安对自我的挑战。对影片要求极为严格的李安从未停止他的导演之路，也从未停止对自我的挑战。

56岁的李安决定拍摄《少年派的奇幻漂流》，这部全新模式的电影将会是一个巨大的挑战。李安说：“我们在电影行业里面也有潜规则，不要碰小孩，不要碰动物，尤其最不能碰的是水，碰到水会非常的麻烦，这个影片三样全都有了，我都碰了。”

李安觉得这部电影最难拍的是水。“大量的水，总是让人觉得很无奈的。东西在上面一漂，怎么拍，怎么弄，真的是很难，这次几乎每一个镜头都是刻骨铭心的经验”。

《少年派的奇幻漂流》可以算是李安执导生涯中最难拍摄的电影，拍摄过程中存在着大量技术难题。然而，最终李安还是一丝不苟地完成了整个拍摄。2013年，该影片在第85届奥斯卡奖颁奖礼上包揽了包括最佳导演、最佳视觉效果在内的4项奖项。

我们相信，李安的导演之路还远远没有终结，他对自我的挑战也远远没有结束，他一定会为我们带来更多更精彩的影片。

成功启示

起初，李安有一个要成为导演的梦想，但这个梦想看似遥不可及，李安并没有因此而放弃。他为这个梦想付出了很多，即使努力之后没有换来成功，他也仍然没有选择放弃。在梦想几近破灭之时，他仍在默默地努力和等待，迎来了难得的机会，并且牢牢地抓住了这个机会，最终实现了自己的梦想。李安说：“每个人都会有梦想，但重点是你能不能去实现它，让我们一起勇敢地追逐梦想，改变世界。”只要心中有梦想，并且为此付出努力，你就能有所成就。

李嘉诚：
收获与创造双重财富

人物简介：

李嘉诚，杰出的企业家，“全球十大最具创意和成功商人”之一，白手起家，通过自身的努力和打拼建立了庞大的商业王国，且不忘回报社会，热心捐助福利事业，是当今最具影响力的国际人物之一。

当我们提到财富时，提到富翁时，我们一定会想起华人首富李嘉诚。被《福布斯》连续16年评为华人首富的李嘉诚，是不折不扣的华人首富，但我们对李嘉诚又了解多少呢？他的成功仅仅源于他的经商之道吗？当我们了解了李嘉诚之后，就会发现，在他身上值得我们学习的不仅仅是经商之道。

年少坎坷，打磨出一枚闪光宝石

李嘉诚出生在广东潮州，在家乡平静快乐地度过了11年，直到战乱迫使他们迁居香港。在香港经历的各种磨难彻底改变了李嘉诚，从此以后，他选择了一条属于自己的道路。

1928年7月29日，广东潮州潮安县的一个小巷子里，一个小男孩出生了，他的父母给他取名李嘉诚。5岁时，他开始上小学，与其他小孩一起读书、玩耍。他9岁那年，日本对中国发动全面侵略战争。1939年6月，11岁的李嘉诚和家人背井离乡，几经辗转来到香港，寄居在舅父庄静庵的家中。

1941年12月8日，太平洋战争爆发，日军侵占香港，港币不断贬值，物价疯狂上涨。李嘉诚一家人常常无米下锅，忍饥挨饿。更不幸的是，李嘉诚的父亲因过度劳累染上了肺病，不久之后便去世了，父亲去世前常常以“求人不如求己”“吃得苦中苦，方为人上人”等名训告诫李嘉诚。

为了养活三个弟妹，年仅14岁的李嘉诚选择了辍学，做起了泡茶扫地的小学徒。有一次，他不小心将茶水洒到客人身上，他一边帮客人擦衣服，一边胆颤心惊地等待着客人和老板的责骂。想不到，这位客人却替他开脱，请求老板不要开除他，并告诫李嘉诚工作时要集中精神，否则什么工作都做不好。自此以后，李嘉诚对待什么事情都很认真，一改原先消极的人生态度。

李嘉诚不想长期寄人篱下，之后又做了一个四处奔波的推销员。推销员这份工作磨练了李嘉诚的意志，增长了他的社会阅历，也使他学会了如何与顾客沟通。推销工作虽然繁忙，但他总是抽时间到夜校进修，补习落下的文化知识。

李嘉诚从跑堂干起，又到推销业务经理，面临“剪不断理还乱”的困难总是积极面对。他就像一块质地精良的原石，在经历了一次又一次的打磨后，终于露出了宝石的光芒。

放手一搏，开出一朵璀璨之花

看似是一个年轻小伙子，其实李嘉诚早已在社会上摸爬滚打了多年。他早早地为自己的未来做好了打算，并一直等待着出手的时机。1950年，他放手一搏，创立了长江塑胶厂，这个小工厂正是他一切财富的起点站。

年轻的李嘉诚年复一年地历炼着自己，1950年，他终于做好了准备。年仅22岁的李嘉诚用多年积蓄下来的五万元租下一个灰暗的小厂房，买来一台老旧的压塑机，挂上了“长江塑胶厂”的牌子。他清楚地知道，如果这个塑胶厂失败了，自己多年打拼的血汗钱将付诸东流，但他还是决定放手一搏。

1957年，李嘉诚无意间读到英文杂志《塑胶》的一则消息：意大利某公司生产的塑胶花在欧美市场非常畅销。商业嗅觉灵敏的李嘉诚预感塑胶花也将在香港流行起来，于是即刻前往意大利进行考察和学习，之后又迅速返回香港研制塑胶花，率先在香港市场推出塑胶花。李嘉诚的塑胶花捕捉住了市场的空白期，一时间被疯狂抢购。大量客户纷纷与长江塑胶厂签订订单，原来无人知晓的长江塑胶厂一夜之间蜚声香港。

令人疑惑的是，不久之后的长江塑胶厂竟险些倒闭。事情是这样的，由于塑胶花订购量实在太大，塑胶厂开始降低质量以满足客户需求，结果许多客户纷纷要求退货、赔偿，银行和客户不断追债。在这一最困难的时期，母亲庄碧琴把李嘉诚叫到身边，吩咐他给自己泡茶，并给他讲述了一个故事：寺庙的主持给了两个徒弟一人一袋谷，说第二年秋天谁的收成多，谁就做寺庙的继承人；后来一个徒弟挑着担回来，一个徒弟空着手回来，主持决定让空着手的徒弟做继承人，因为主持给他们的稻谷是煮熟的，不可能种出稻谷。庄碧琴这时话锋一转："经商如同做人，诚信当头，就无危不克了。"

后来，李嘉诚用自己的诚信打动了银行、订购方和工厂员工，长江塑胶厂重新开业，生产出来的塑胶花也保证了质量，并再次被大量订购。长江塑胶厂开出了一朵璀璨的花，它是李嘉诚人生中的第一朵花，当然不会是最后一朵。后来，李嘉诚被商界人士称为"塑胶花大王"，当时他年仅29岁。

兢兢业业，下一局旷世棋局

正值壮年的李嘉诚在商界挥斥方遒，不断投资或并购更多产业，使他的商业帝国的版图越来越大。直至晚年，他仍锐意进取、兢兢业业。

1957年，长江塑胶厂更名为长江工业有限公司。1958年，李嘉诚建起第一幢工业大厦，建起一幢12层高的新厂房。长江工业有限公司是后来的长江实业集团的前身，那个时候的李嘉诚也才刚刚崭露头角，其实，年轻的李嘉诚还有更多的宏伟计划。

李嘉诚时刻捕捉着商界的时机。1967年，香港地价由于暴动而狂跌不止，他牢牢地抓住了这个商机，低价购入了大批土地，开始了地产经营。其实，李嘉诚更大的手笔并非地产业，而是他精心经营的投资"棋局"，这盘棋放眼整个国际，而非仅限于中国。1972年，“长江实业”正式上市，股票竟被超额认购65倍。1979年，“长江实业”斥资6.2亿元，从汇丰集团购入商行“和记黄埔”22.4%的股权，李嘉诚成为了第一位收购英资商行的中国人。1984年，“长江实业”获得“香港电灯公司”的控制性股权；1986年，买下加拿大赫斯基石油的半数多权益；1987年，与其他合作者共同夺下温哥华1986年世界博览会旧址的发展权……

这些商业上的大手笔早已使李嘉诚家财万贯，但他并不因此骄傲自大、贪图享乐，而是几十年如一日地辛勤工作着，即使如今已逾古稀之年，仍在不断开拓自己的事业。2010年，购下部分英国电网业务；2013年，投资国外比特币支付的创始公司BitPay；2013年，投资的人造蛋黄酱上市；2013年，竞购某航空公司约100架飞机的权益……

这个世界上富翁有很多，锐意进取的富翁却世间少有。与其说李嘉诚是个富翁，不如说他更像一个兢兢业业的工人，他的工作时间甚至比底层工人还多。正是凭着这种兢兢业业的工作精神，他才能在自己的商业棋局上一步一步走下去，并最终呈现给世人一局旷世的商业棋局。

曾经首富，饱含一颗公益之心

人们对慈善了解多少，慈善可不是捐钱那么简单。李嘉诚向我们重新诠释了何为慈善，所谓慈善就是慈善者的热心与坚持，就是慈善者为更多人带来更长远的利益。

1994年，长江实业集团除税后盈利达到28亿美元；1995年12月，长江实业集团三家上市公司市值超过420亿美元；1999年，长江实业集团除税后盈利达到1850亿港元；2000年，长江实业集团总市值约8120亿港元；2009年，长江实业总市值约1万亿港元。更为夸张的是，从1999年到2013年，李嘉诚已连续15年荣膺华人首富。

面对如此巨额的财产，大家一定会产生同一个疑问：如此巨额的财富将要如何花费？实际上，李嘉诚总资产的三分之一都用在了慈善和公益方面。1981年，创立汕头大学，投资已超过31亿港元；1987年，捐5000万港元建立3所老人院；1988年，捐款1200万港元兴建医院，向香港各基金会捐赠了1亿港元；2005年，向香港大学医学院捐10亿港元；2007年，向新加坡捐款逾5亿港元创立教育及学术发展基金……

其实，李嘉诚在成为首富之前就已经开始了漫长的公益慈善之路，并且几十年来一直都没有停止。李嘉诚几乎每个月都要捐赠几千万甚至上亿元，我国民政部颁发给他“中华慈善奖终身荣誉奖”，他还入选了美国《时代》大慈善家，其他大大小小的慈善称号更是数不胜数。

李嘉诚曾说自己做的不仅是慈善，更是公益。他说：“‘富贵’两个字，它们不是连在一起的。其实有不少人，‘富’而不‘贵’。真正的‘富贵’，是作为社会的一分子，能用你的金钱，让这个社会更好、更进步、更多的人受到关怀。内心的富贵才是财富。”

李嘉诚内心的财富，是一颗公益之心，是兢兢业业的工作精神，是给这个社会所带来的贡献。李嘉诚拥有的财富也不仅仅是金钱财富，更是一种包含金钱财富和内心财富的双重财富。

成功启示

积极面对苦难是李嘉诚年轻时最宝贵的财富，凭着这种积极的人生态度，他才能从白手起家，一步步接近自己的理想。许多成功商人都精通经商之道，李嘉诚值得我们学习的不仅是经商之道，更是其为人之道以及对工作和财富的认识。李嘉诚一辈子辛勤踏实地工作，不断给整个社会做贡献，给需要帮助的人带来长远的利益。

李娜：性格倔强不服输

人物简介：

李娜，中国女子网球运动员，亚洲首位大满贯女子单打冠军得主，亚洲女单世界排名最高的选手。李娜从6岁开始练习网球，1999年转为职业选手。于2002年退役，又于2004年复出。获2011年法国网球公开赛冠军，成为亚洲首个大满贯女子单打冠军得主。2014年，第三次晋身澳大利亚网球公开赛决赛，最终收获女单冠军，成为亚洲首位两度夺得大满贯赛事冠军的网球选手。2014年9月，正式退役。

李娜是我们中国人乃至亚洲人的骄傲，她在网球场叱咤风云的英姿让我们也让全世界人为之喝彩。她的童年既幸运又不幸，她既具个性又体贴温柔，她是一朵在苦寒中傲然绽放的梅花。

自幼好胜，拼做网球队员

李娜似乎天生就适合做网球运动员，因为她成长在一个热爱体育的家庭，她有优异的运动天赋，更重要的是，她还有一颗永不服输的心。

李娜之所以会走上体育这条路子，最初是因为李娜的爷爷和爸爸的指引。

李娜出生于一个体育世家，李娜的爷爷原来是汉口宝善街中学的体育老师，而李娜的爸爸李盛鹏从小就打羽毛球，还曾进入过湖北省羽毛球队。因为“文革”，李盛鹏没能继续从事羽毛球运动，他一直对自己短暂的体育生涯心有不甘。

1982年，李娜出生了。爷爷和父亲重新燃起了昔日的运动梦想，决定让李娜学习羽毛球，以完成他们心中未竟的运动之梦。5岁半的时候，李娜被送到新华路体校，在教练林书惠的指导下练习羽毛球。

李娜的爷爷曾说：“当时我和她的爸爸就是一门心思想让她练体育，学习打羽毛球。不过，和其他小孩相比，李娜打羽毛球总是手臂发力，可能她就天生适合打网球。”一位慧眼识才的网球教练夏溪瑶发掘了李娜的网球天赋，将她从羽毛球场带到了网球场。

1989年的一天，夏溪瑶恰巧路过羽毛球场，见羽毛球场上非常热闹，便向教练林书惠打了声招呼：“有没有好的苗子给推荐几个啊？”林教练便喊过来两个小姑娘。夏溪瑶果真把她们带到了一边，简单地测试了一下，对其中的一个小姑娘说：“嗯，移动、回位速度很快，腿部力量也很好，叫什么名字？”“李娜。”

夏溪瑶教练便带走了李娜，开始教她学打网球。由于当时李娜只有6岁，她怎么也打不过比她大的孩子，每次输球后，她就坐在场边大哭。

夏溪瑶教练回忆说：“我那时候对孩子们特别严厉。看她哭就吼，‘哭有什么用，有志气就打赢她们！’这孩子真是有股狠劲，我这话她真的听进去了，咬着牙训练，很快就把队里的其他孩子都打败了。”

李娜的运动天赋不错，家里人都尽自己最大的努力为她创造打球的条件。李娜的爸爸李盛鹏非常重视李娜的训练，在李娜住进集体宿舍前，李盛鹏每天都风雨无阻地送李娜到新华路练球。下大雪时，骑自行车不方便，公交也很挤，他就陪女儿走到体育场，练完球后再一起走回家。

年少失父，承托起父亲的梦想

李娜有一个很关爱她的好父亲，失去父亲后的李娜变得更加坚强。李娜通过一次次训练、一场场比赛，渐渐完成了父亲曾经的运动之梦，然而她取得的成功，她父亲却看不见了。

正当11岁的李娜一步步走上正轨时，李娜的爸爸李盛鹏却被病魔击垮了。他因先天性血管狭窄被送进了医院。为了不让李娜在练球的时候分心，他总是在李娜面前假装很有精神，还专门写了一封信给夏溪瑶教练：“夏指导，由于我身体不好，已住院2个月了……李娜只当是您的大姑娘一样，不对的地方狠狠地教育……我只希望在她的身上实现我没有实现的愿望。孩子就拜托您了！”

在教练夏溪瑶的谆谆教导下，李娜不仅完成了网球的学习，还顺利地完成了小学学业。小学毕业后，11岁的李娜被余丽桥教练选入湖北省网球队。余丽桥曾9获全国冠军，是中国网球技术最全面的女选手之一，当时她要从近10名选手中选出湖北省网球队新队员，最终，她只留下了李娜，即使其他孩子的父母或托关系或送礼，都没有动摇她选择李娜的决心。

1996年，李娜从北京前往广州参加比赛，途中恰好经过武昌火车站，当时病重的李盛鹏赶到车站，振作精神，使劲向女儿挥手，久未回家的李娜匆匆看了父亲一眼。这一眼，是她见父亲的最后一面。

医生告诉李盛鹏的家人，李盛鹏的病情已经恶化，要做好思想准备。躺在病床上的李盛鹏执意不让家人叫女儿回家：“不要让李娜回来，不要耽误她，要让娜娜出成绩。我的李娜要是能参加2000年的奥运会，那该多好啊！”每次李娜打电话回家问起父亲，家里人都会以“出差”为由搪塞过去。

李娜在结束了广州的比赛后赶回家里，打开门却看到了父亲的遗像和花圈。当时年仅14岁的李娜立刻呆住了，她忍住了哭泣，晚上一个人在房间里才哭出声来。

少年失父的李娜在一夜之间变得成熟了许多，她也更加沉默寡言，更加专注刻苦地投入训练。在父亲去世后的第二年，李娜在全国网球总决赛中获得了冠军，这是她拿到的第一个全国冠军。这一切正是她父亲想要看到的，然而他却永远无法看见。似乎是为了告慰自己的父亲，李娜更加刻苦地训练，几乎每年都能获得各种奖牌。

退役读书，难舍网球再复出

正当你的事业处于蒸蒸日上的时期，你会突然选择离去吗？很少会有人拥有这样的气魄，李娜却在走向巅峰的路上突然离开。为什么李娜会中途退役？其中原因我们不得而知，但我们一定知道，李娜还会回来。

2002年，李娜在美国米德兰的ITF比赛中收获了她的第13个ITF女单冠军。2002年年底，李娜突然选择了退役，并前往华中科技大学就读，此举令所有人都难以理解。

李娜进入大学学习，虽然耽误了她的网球生涯，但却收获了落下的文化知识，更收获了她的人生伴侣姜山。

李娜不可能扔下网球，因为网球是她的梦想，也是她父亲的梦想。2004年，在姜山的鼓励和劝说下，两年没有进行过任何训练的李娜选择了复出。复出后的李娜实力如何呢？相比之前，李娜的实力会一落千丈吗？两年的空白李娜还能填补回来吗？

复出后的李娜相继在北京、通辽、乌兰浩特的三站ITF女单赛事中夺魁，夺得广州国际女子公开赛冠军，成为第一个在WTA巡回赛中夺得单打冠军的中国选手。2005年，李娜打进埃斯托利尔赛决赛，是首位进入红土赛决赛的中国选手。

2006年，在德国公开赛四强争夺中，李娜逆转战胜瑞士人施奈德，这是她首次战胜世界前十选手，同时也是她首次打进WTA一级赛四强。同年，她闯入了温网比赛8强，成为首位进入大满贯比赛8强的中国选手，闯入了美网比赛16强，完成了中国选手在美网上的最佳战绩。年底，李娜再度成为中国年终排名第一的球员。

2007年，李娜依然蝉联中国年终第一。

2008年，她一次又一次地打出好成绩，不断地刷新自己的纪录，在网球道路上越走越远。在WTA保时捷网球公开赛上，她还战胜了当时世界排名第一的小威廉姆斯，闯入了该赛8强。2008年，她不仅荣膺中国年终第一，而且成功晋级亚洲第一。

尝尽苦甘，傲然立于网坛

用一朵花来形容李娜，你会用什么花呢？李娜的母亲会用梅花来形容李娜，因为小时候李娜曾在本子上画过梅花，旁边写着“宝剑锋从磨砺出，梅花香自苦寒来”。李娜正是这样一朵梅花，最终在苦寒中绽放开来，傲然地散发出清香。

李娜并非一开始就是亚洲第一，就是国际网球高手，她经历过许多失败，她的成功全是由自己刻苦的训练和一场场比赛换来的。

2009年是李娜网球生涯中较为特殊的一年，因为她做出了一个对她今后网球生涯产生重大影响的决定——离开中国国家队。

单飞后的李娜开始组建自己的团队，进行更加专业的网球训练，李娜的实力也因此得到了极大的提升。经过该赛季的拼杀，李娜的世界排名上升到第15位。2010年，她打进澳网四强，此后还一度跻身世界前10。

2011年是李娜最辉煌的一年，在这一年里，她打进澳网决赛，获得亚军，并且在法网击败诸多世界名将，一举夺得冠军，为中国乃至亚洲获得了第一座大满贯单打冠军奖杯。屡屡打进顶级赛事决赛的李娜为世界所瞩目，其世界排名也在不断上升。

2012年和2013年两个赛季，李娜同样杀入了各种世界顶级赛事，世界排名首次跻身前三。2014年，李娜打入澳网公开赛女单决赛，击败斯洛伐克选手齐布尔科娃，获得自己第二个大满贯女单冠军，这是参加澳网的亚洲选手中首个澳网单打冠军及公开赛以来澳网最年长的单打冠军，李娜的世界排名也晋升为世界第二。

然而，花总有凋谢的时候，李娜以较高年龄夺得澳网冠军本就是一个奇迹，或许李娜战斗了太久，她需要多陪陪自己的家人，多看看这个美丽的世界。2014年9月19日，我们的网球金花李娜正式宣布退役。

成功启示

李娜拥有出众的网球天赋，她的父亲和她的教练是她的伯乐，如果没有他们，李娜这匹千里马或许就会被埋没。李娜是一个杰出的成功者，她的天赋固然出众，但她的成功更依赖于她的努力。李娜不怕吃苦、永不服输的拼劲才是她的动力，否则她怎么可能会不断进步，甚至到了成绩本该下滑的年龄，还能不断刷新自己的纪录，还能一举夺得澳网冠军？奇迹来自于拼搏，而不是天赋。

柳传志：创业什么时候也不晚

人物简介：

柳传志，著名企业家，原联想集团董事局主席。曾在中科院计算所从事科学研究工作，先后创办了北京计算机新技术发展公司、北京联想科技公司、香港联想科技公司，此后合并北京、香港两家联想，并出任联想集团董事局主席。有“中国改革风云人物”“全球25位最有影响力的商界领袖”“亚洲最佳商业人士”“中国经济十年商业领袖”“亚洲之星”等称誉。

年青人满怀激情地打拼，是希望有一天能闯出自己的一番事业。然而柳传志却与常人不同，他直到四十岁才开始创业，劲头却一点儿也不比年轻人差。

青春年华消逝，不惑之年创业

柳传志四十岁时才开始创业，满怀激情地为自己的梦想打拼，他看起来也一点儿不像中年人，而更像是一个年轻小伙子。

与许多名人不同，柳传志在青年时代并没有多少传奇故事，也没有展露出惊人的天赋。他人生的前40年过得很平凡也很踏实。

大学毕业时，柳传志满怀激情，不巧的是，赶上了“文化大革命”。

之后，柳传志进入中科院计算技术研究所工作，枯燥的研究工作压抑了他的热情。在中科院工作期间，柳传志参与了多个科研项目，其中三个科研成果还获过奖。

柳传志发现科研成果虽然获了奖，但却并不能有效地转化为产品。科研人员也并不思考如何把科研成果转化为产品，只是忙于写论文、评职称。自己的科研成果不能转化为产品，不能投入市场，那么这些科研成果又有何意义呢？

正当柳传志无法忍受沉闷压抑的科研工作时，计算技术研究所传来了一个好消息：中科院将资助科研人员利用科研成果创业。

柳传志早就有这种想法了，中科院的这项政策对他而言简直是天赐良机。柳传志主动站了出来，联合其他10名同事，将总共12平方米的传达室作为办公室，创办了北京计算机新技术发展公司。

所长只给了他们20万元资金。当时的计算机十分昂贵，仅一台就要花费7万元，20万元对他们而言，真的太少了。为了解决创办公司的资金问题，柳传志等人纷纷卯足了劲四处筹钱、挣钱。

当时柳传志已经40岁，没想到自己有一天能像年轻人一样创业。由于资金不足，他们能干什么就干什么，拉平板车卖运动服装、卖电子表、卖旱冰鞋，只要是能够筹集资金的事情他们都做。

那段充满激情和艰辛的日子令他们终生难忘，当然也成功保住了他们珍贵的火种——北京计算机新技术发展公司。他们知道有一句是：“星星之火，可以燎原。”

发明汉卡系统，争做IBM代理

有时候即使是天才，也会受困于现实。柳传志虽然是计算机工程师，但起初只能通过干零碎活来筹集资金，当公司条件好转后，他的聪明才智才得以发挥。

柳传志的公司慢慢走入正规，他们开始作些小项目，例如给客户做检验验收、办计算机培训班、维修计算机，勉强维持着公司的运转。柳传志和他的同事可是中科院的研究人员，做这些“三脚猫功夫”的工作，可称得上是大材小用，但他们只能依靠这些零碎项目积累资金。

在积累资金的同时，他们也着手了新的研究项目：联想汉字系统。当时中国并没有自主研发的计算机，而国外生产的计算机又无法显示中文，因此造成中国用户在使用计算机的过程中存在着语言障碍。柳传志等人觉得可以发明一种汉字系统，将计算机中的英文转化为中文。

柳传志团队的新发明汉卡最终完成，只需要将汉卡插在计算机上，便可以将计算机内的英文翻译为中文。汉卡的利润高达一两万元，正是凭着这项独一无二的发明，他们赚到了真正意义上的第一桶金，也完成了公司的资金积累。

当时IBM是世界最著名的几个计算机公司之一，在中国建有分公司。1985年，柳传志的公司已经小有名气，他觉得不妨尝试为IBM作代理销售。正在这个时候，香港某IBM代理公司恰巧想要与他合作。

柳传志来到香港与代理公司洽谈，合作很成功，柳传志的公司最终成为了中国内地的IBM代理公司。对柳传志而言，这是一次不小的成功。在为IBM做内地代理的过程中，柳传志学会了市场推广、财务管理、技术服务，并积累了足够的资金。柳传志开始创办自己的工厂，并进行自主研发，最终打出了自己的品牌：联想科技。

联想科技公司虽然初具规模，但一时却难以迅速壮大。当时进口计算机元件必须使用外汇购买，并且只有得到政府允许的公司才能使用外汇购买进口元件。联想科技公司没有获得政府的批文，所以无法进口计算机元件，进而无法顺利进行计算机生产。

为了能够进行计算机的生产，联想公司只能在国内市场上购买数量极其有限的元件，这大大限制了联想公司的生产规模，如果市场流通的元件极少，联想公司甚至会有倒闭的危险。

冒险转战香港，自主生产电脑

固步自封、畏首畏尾会使一个企业的发展陷入停滞，如果没有敏锐的目光和拼搏的勇气，柳传志就可能不是联想集团董事局的主席，而更可能只是一个做销售代理的小老板。

联想在困境中一直坚持到1988年，虽然在内地打拼多年，但是企业的运营仍然没有好转，柳传志如果只是死守内地，联想公司就只能永远做销售，因此他决定闯一闯香港。

柳传志来到香港，他自己也不知道未来会怎么样。他在香港也创办了一个联想，香港的联想与北京的联想不同，不同在于在香港不需要经过批准。凭借团队的科研能力，香港联想率先生产了自主研究的主机板。

香港联想的主机板被卖往世界各地，获得了不小的成功。由于联想在香港取得了成功，北京的联想终于通过了有关部门的审批，被允许建立计算机生产线。如此一来，联想公司便可进口所需要的元件，进行独立自主的生产。

联想计算机被卖往世界各地，渐渐被全世界所熟知，联想公司也逐渐在世界范围内打响了自己的品牌。

总结联想的发展历程，柳传志特别强调了风险和诱惑。他表示当时许多公司才兴起，市场才刚刚打开，公司都面临着巨大利益的诱惑，同时所要承担的风险也很大。柳传志表示联想公司没有被利益诱惑，而是选择稳扎稳打、一步步做好，只有基础打好了，才能真正发展起来。

联想公司在柳传志的指导下，并没有急功近利地冒险捞金，反而踏实做销售做技术，最终形成了完整的产业机制，最终成为一家具有自主技术的大公司，在世界范围打响了自己的品牌。

对战外国企业，创立民族品牌

我国国产的科技产品确实不如许多进口的科技产品优秀，因此外国企业能够轻易击垮我国的许多企业，但是联想却坚强地生存下来了。如今联想已经可以与许多世界顶尖企业相抗衡，其后盾便是自主研发的技术。

正当联想飞速发展之时，外国企业大举进入中国，对国内的电脑市场造成了不小冲击，许多电脑公司都遭受了很大的打击，联想也不例外。

1994年后，我国国门对外敞开，外国的先进产品突然间涌进国内市场，我国许多企业都被打得溃不成军。

外国电脑进入中国后，中国用户通常会选择外国产品，而摒弃质量堪忧的国产产品。联想公司遭受到了前所未有的打击。柳传志立即召开了会议，经过对自身的分析以及与外国产品的对比，他们决定尽快改进联想产品自身存在的问题，然后与外国产品一争高低！联想一方面对产品进行改进，一方面对销售模式和组织架构进行改进，并且还高举着民族品牌进行品牌宣传。

柳传志还认识到对管理人才的培养十分重要，便对香港联想进行了改组，改组后，他成为了香港和北京两个联想公司的管理人，并开始了对管理人才的重点培养。在柳传志的管理之下，香港联想和北京联想取得了突出成绩。

柳传志发掘并培养了一批优秀的管理人才，杨元庆和郭为就是其中的代表。杨元庆提出了并购IBM的构想，联想公司最终于2005年完成对IBM的收购，迈出了国际化的重要一步。

柳传志将联想一手带大，又培养出一批联想的新的人才，如今他终于放心退休，但是，他一手创建的联想，这个民族品牌仍在继续壮大。

成功启示

有志者事竟成，人不怕败给别人，就怕败给自己。连自己都已经失去了意愿，那么又何谈成功呢？一个人想要取得成功，首先应该有远达的志向。四十岁的柳传志怀着自己的志向，开始了自己的创业之旅，经历过多年的苦心经营和商业战争，他终于有了自己的企业。柳传志完成了自己的梦想，因为他有一颗用于追求梦想的心。

马云：不平凡的平凡

人物简介：

马云，著名企业家，阿里巴巴集团、淘宝网、支付宝等著名企业的创始人。马云曾两次高考落榜，第三次高考勉强考入杭州师范学院，毕业后成为一名英语教师，曾在西湖边创办英语角，创办翻译社，此后数次创业，如今已拥有多家著名企业，被称为“中国创业教父”“中国商业领袖”“未来全球领袖”“万亿侯”。

在这个平凡的世界里，曾经有一个平凡的人，通过自己的努力做了一件不平凡的事，如今全世界几乎都知道在中国有这么一个传奇的人物！因为他给十几亿的中国人带来了一个全新的世界！他不懂电脑、不懂管理、不懂广告，却在互联网的世界里创造了一个奇迹。他就是马云。

笨孩子有一颗不屈的心

马云是一个学习不好的“笨小孩”，你是不是也和他一样呢？马云告诉我们学习不好并不代表你不聪明，也不代表你将是一个失败者。无论遭遇怎么样的打击，只要你有一颗不屈服的心，而且能重新站起来的话，那么你就能一步步地成为强者，从笨小孩变成一个成功者。

我们听过许多传奇人物的故事，他们的童年都有许多故事值得诉说，但马云却与其他的传奇人物不同，马云的童年时代一点儿也不具有传奇色彩，他既没有异乎常人的经历，也没有发生什么机缘巧合的故事。

他小时候只是一个普普通通的孩子，用他自己的话来说就是："我大愚若智，其实很笨，脑袋这么小，只能一个一个想问题，你连提三个问题，我就消化不了。"马云的功课都不是很好，上过的小学、中学、大学都不是很好，也没有上过名牌大学，小时候他的数学竟然还考过1分。

许多人都希望能够上一所好点的高中，然后考上一所不错的大学，马云当然也这么想，但是中考考了两次才成功，其中数学才31分。高中时候的马云的成绩仍然不理想，在第一次高考中落榜，数学仅21分。

高考落榜后的马云灰心丧气，找了一份蹬三轮的工作，心里想着再也上不了大学了。有一次，马云无意中读到路遥的小说《人生》，深深地被书中所描写的故事所打动了，他坚定了一个信念："我要上大学。"

成绩一直很差的马云知道自己要上大学必须付出很大的努力，为了高考考出好成绩，他花了很多时间努力学习，但冷冰冰的现实又一次打击了马云，他在高考中再次落榜。

1984年，马云参加了自己的第三次高考，勉强以专科生的身份考入杭州师范大学外语系。

英语教师胸怀远大志向

一匹能够疾驰千里的马，如果没有奔赴千里的志向，它也不能称之为千里马。成功只属于少数人，而大部分成功者都有一个远大的志向。如果一个人没有自己的目标，那么他只会安于现状，以至于迷失自己，只有当你拥有一个明确的目标，你才会充满动力，明确地迈出下一步。

马云的数学向来很差，幸运的是马云的英语还不错。大学期间的马云学的是英语专业，他的英语也一直很好，马云是一个乐观开朗、平易近人的人，所以结交了许多朋友。大学毕业后，他很幸运地找到了一份还不错的工作，在杭州电子工业学院做一名英语老师。

马云在英语教师这个岗位上表现得很出色，很快便成为了杭州市优秀青年教师。他还曾在西湖边创办了一个英语角，这个英语角是西湖边的第一个英语角，很快就在杭州翻译界有了些许名气。许多人来找马云翻译东西，但马云并不精通翻译，他只好找其他人帮忙，同时也产生了创办翻译社的想法。

1991年，马云和几个朋友一起成立了海博翻译社。海博翻译社成立之初收入很少，总收入还付不了房租费，因此曾一度濒临倒闭。就在大家心中动摇的时候，马云没有死心，他要寻找解救海博翻译社的方法。于是，他独自背着大麻袋前往义乌，做起了小商品的买卖。

马云带领着海博翻译社的其他成员一起卖小礼物、书、衣服、甚至还卖手电筒，最终帮助翻译社渡过了难关。1994年，海博翻译社营收持平，1995年，开始赚钱。海博翻译社算是马云的第一次创业，也是马云创业路上的重要里程碑。

1995年，马云已经成为杭州十大杰出青年教师之一，但马云并不满足于做一名英语老师。如果马云没有更加远大的志向，充其量他只不过是一名杰出的教师，不可能创办西湖英语角，也不可能创办海博翻译社，更不可能成为传奇式的商业人物。

成功来自一次又一次的尝试

有句话说：在尝试之前，你永远不知道真相。当你尝试过以后，你不仅知道自己能否成功，还能学会更多你曾经所不会的东西。马云的成功要归功于他的敢于尝试的勇敢，以及他做出尝试的方向。尝试不仅是一种勇敢的表现，更是一种有目的的选择、决策。

自从海博翻译社开始盈利，马云便不再打理海博翻译社，将更多的精力投入到新的事业上。马云用他敏锐的商业目光打量着中国的市场行情，试图从中获取一份只有他看得出来的商业宝藏图。

1994年底，马云第一次听说互联网，那时海博翻译社开始走上正轨。1995年初，马云赴美，首次亲身接触到互联网。当时互联网和电脑在中国正处于兴起阶段，对于大众来说它们都是新奇陌生的事物。

从美国回来后不久，马云便立即联系朋友，凑齐两万元钱后成立了中国黄页互联网公司，专门为企业制作主页。中国黄页互联网公司是中国最早的互联网公司之一，成立之后，它与杭州电信进行合作，在成立后不到三年的时间内，就盈利了500万元。

马云的慧眼让他从一名普通英语教师转变为一位互联网公司创办人，同时也让他做出了一个出人意料的决定：放弃中国黄页互联网公司，进军网络贸易领域。

进入外经贸部后，有一段时间，马云带领着5个兄弟住在一个20平方米的房间，连续苦干了15个月。他们的劳动成果便是外经贸部官方站点、网上中国商品交易市场、网上中国技术出口交易会、中国招商、网上广交会和中国外经贸等一系列网站。

在网络贸易领域摸爬滚打了一段时间后，马云的心中又冒出了一个新的构想。1998年底，马云又做出了一个出人意料的决定：离开外经贸部。

此时的马云已经探索出了一个十分有效而亟待实现的商业模式，这个商业模式便催生出了著名电子商务互联网公司阿里巴巴。

阿里巴巴是一台发动的引擎

经过一次又一次的尝试，马云找到了他事业的归宿——阿里巴巴。颇具商业慧眼的马云在阿里巴巴这一站停下了脚步，并将所有精力投入到阿里巴巴的建设上。马云没有再次选择离开，阿里巴巴正是他想要寻找到的突破口。

经过一次又一次的尝试，马云的心中已经有了明确的商业构想，接下来马云只需要招募能干的追随者和执行者，便能实现他的第四次创业——成立阿里巴巴互联网公司。

1999年3月，马云辞去外经贸部的公职，以50万元人民币开始了新一轮创业，开发阿里巴巴网站。一个好的主意就不怕没有好的投资商，1999年4月15日，耶鲁博士、在华尔街混迹多年的蔡崇信听闻马云创办阿里巴巴的消息，便立即赶赴杭州与马云洽谈，并决定投资阿里巴巴。1999年10月29日，又有多家公司向阿里巴巴投资。2000年1月，孙正义向阿里巴巴投资2000万美元。

马云手上有了充裕的资金，而他的计划也十分明确，所谓水到渠成，阿里巴巴成功地打开了市场，开创了互联网的第四种模式。在阿里巴巴这一站，马云没有选择离开，因为阿里巴巴就是他要寻找的，为此他做过一次又一次的尝试。

阿里巴巴站稳脚跟后，马云及其团队继续壮大、完善他们的电子商务体系，在阿里巴巴旗下还创立了淘宝网、支付宝、天猫、一淘网、阿里云等国内电子商务知名品牌。

阿里巴巴是马云创业生涯中的最大收获，也是他的“根据地”，站在这块“根据地”上，马云得以进行更多的尝试。如今马云已功成名就，他已是诸多著名企业的董事长，还曾受邀到世界各大名校讲学，各种头衔称号更是数不胜数。但事实上，他的创业之路还远远没有停止。2014年，马云宣布辞去阿里巴巴CEO一职，随后联合多家物流公司创办菜鸟网络公司，并任董事长。2014年9月，阿里巴巴在美国成功上市。

成功启示

在平凡的世界里，缔造传奇靠得不仅是日日夜夜的坚持，还有一览众山小的眼界，更上一层楼的动力，舍我其谁的勇气。马云从一个大学老师到一个影响中国一代人的企业家，如果没有创业的想法，那么他有可能只是一个大学老师，如果没有坚定的信念，那么他就不可能开创一个互联网的商业帝国。我们要相信，每一个平凡的人都可以成就一番不平凡的事业，只要你敢于拼搏。

莫言：一个爱听故事爱讲故事的孩子

人物简介：

莫言，祖籍山东高密，是第一个获得诺贝尔文学奖的中国作家。自1980年代起，发表了一系列乡土作品，被称为“寻根文学”作家。多部小说改编成的电影获得了巨大成功。2000年，《红高粱》入选“20世纪中文小说100强”。2005年，《檀香刑》全票入围茅盾文学奖初选。2011年，莫言荣获茅盾文学奖。2012年，莫言获得诺贝尔文学奖。

诺贝尔奖从首次颁奖至2012年恰好有111年的历史，在这111年历史中，诺贝尔文学奖从来没有出现过中国人的身影，甚至连提名也很少有中国人入围。2012年，诺贝尔文学奖突然降临中国，令所有中国人甚至全世界人民都惊讶万分。荣获诺贝尔文学奖的中国作家就是莫言。

饥饿中的想象力，孤独中的表达欲

上帝为你关上一扇窗户，也为你打开了另一扇窗户。悲惨的遭遇是人生的不幸，只要你坚强地面对，它就会对你俯首称臣。

1955年，莫言出生于山东高密。他的家乡是一个很荒凉的乡村，村民们都以务农为生。莫言童年时恰逢三年自然灾害，当时几乎整个中国都陷入了饥荒之中，莫言的家乡也不例外。

莫言的童年就是在饥饿中度过的，他常常被饿得头晕目眩，这个时候，他就会闭上眼睛躺着，陷入似真似幻的想象中。

饥饿中的莫言的想象力会变得异常活跃，他常常在想象中为自己编造许多美妙的故事，比如想象到自己吃上大餐。饥饿对莫言今后的写作具有深远的影响，他的许多小说都有关于饥荒的内容。

幼小的莫言干不了重活，只能每天牵着牛羊去荒地放牧。莫言常常经过教室的窗户，看着还在念书的同学，心里十分羡慕和心酸。他常常在心里想象同学们都在学什么，课文都在讲什么内容。放牧时，莫言闲着无聊，就会看着天空，或者看着树林、山峰，或者闭上眼睛，这个时候，莫言的想象力就会活跃起来。

莫言不仅想象力丰富，而且很喜欢说话。他很喜欢和别人聊天，喜欢听别人讲故事。他一个人的时候，还会自言自语，甚至对着没有生命的物体说话。

爱听故事爱看书，爱吃饺子当作家

童年的特殊遭遇造就了莫言的作家本色，既擅长想象和表达，又喜欢精彩绝伦的故事。或许你也能从他的童年中，找到现在的你的影子。

莫言似乎天生就是一块当作家的料，他善于想象，喜欢表达，更重要的是，他嗜书如命。

莫言家里没有故事书，他看的故事书都是借来的。他向亲戚、朋友、同学、邻里打听是否有书，只要哪儿有书，他就会上门借书。

有一次，他打听到一位同学家有《封神演义》。莫言早就听说过这本书，大人们就常常讲里面的一些故事，因此他早就想要饱读一番。一听同学家里有这本书，他立即赶到同学家里，向他借这本书，可是同学不借，他便天天跑去他家，死缠着同学，看见同学干活，他就主动帮忙。经过一番“苦战”，莫言终于借到了梦寐以求《封神演义》。

莫言不仅在自己村子里借书，还到其他村子借。到最后，哪个村子有《三国演义》，哪个村子有《水浒传》，他都一清二楚。

莫言的家人觉得看这些“闲书”浪费时间，又没有丝毫收获，还不如多干农活，可长期的阅读锻炼了莫言的写作能力，有一次莫言的老师做家访，就提到莫言擅长写作文。莫言的家人这才默许了莫言看书，莫言看书的兴趣也变得越来越浓厚。

但是莫言只能借到这几本书，所以他只能反复看这些书。《钢铁是怎样炼成的》就被莫言越看越薄，直到被莫言翻得破破烂烂。

虽然莫言的想象力丰富，喜欢表达，也非常喜欢读书，但他从来没有想过要当一名作家，甚至连作家是什么都不知道。直到有一天，莫言和一个中文系的大学生谈话，当时他们都很饿，便一起谈吃的话题。大学生对莫言说起了大话，他说他认识一位作家，这位作家写了一本书，得了上万元稿酬，每天都能吃三顿肉馅饺子。

年幼无知的莫言非常羡慕这位作家，还暗自下定决心要当作家。从此莫言就开始自己写东西，长大后，他仍然坚持写作，渐渐体会到了写作的乐趣，同时也喜欢上了写作。

走出故乡看世界，走进书海作文学

成功并非是一蹴而就的，文学创作更是如此。怀着对写作的热爱，经历过许多坎坷，莫言从未放弃过写作，他的作品是真诚的，是他心灵的诉说，最终他获得了他的读者和人们的肯定和称赞。

1976年，莫言参军，离开了自己的家乡。或许莫言想要看看大山以外的世界，他的世界不应该局限于一个小山村。参军之后，高密渐渐融入了他的记忆。

参军后，莫言仍然喜欢看书和写作。刚进部队时，他就开始写作了。他一边写作一边看书，看过许多文学作品，例如海明威、卡夫卡等人的作品。除了进行文学阅读外，他还阅读了不少哲学和历史的书籍，例如黑格尔的《逻辑学》、马克思的《资本论》等。

他通读了大量文学书籍，图书馆的1000多册文学书籍几乎全被他读了一遍。几年的时间里，他坚持写作，还曾多次投稿，可惜没有一次被杂志发表。

参军5年后，《莲池》杂志发表了他的第一篇小说《春夜雨霏霏》。

通过坚持写作和投稿，莫言渐渐成为了省内比较有名的作家。莫言更加坚定了走小说创作这条道路，决定报考解放军艺术学院。

莫言怀揣着自己的小说来到北京，当时报名时间已经过去，莫言感觉自己已经无法报名了。他提心吊胆地来到了解放军艺术学院，找到了当时文学系的刘毅然老师和徐主任，向他们说明了情况，并将自己的小说留下给他们看。

过了一段时间，莫言鼓起勇气，忐忑地打电话过去。刘毅然老师在电话里说："徐主任看了你的文章很兴奋，你赶快准备文化考试吧。"

那一刻，莫言看见了希望，他激动万分。得益于广博的阅读和长期的写作，莫言在考试中得了第一名。

1984年，莫言进入解放军艺术学院文学创作系。在这里，莫言才真正地进入了书的海洋，他徜徉在马尔克斯、福克纳、乔伊斯等世界文学大师营造的文学天地中，他的想象日益丰盈，作品也多了起来。

佳作美名传扬中外，中国作家首夺诺奖

莫言依然是那个莫言，那个想象丰富、热爱表达的小孩，他只想在想象中编造美妙的故事，想要对人们表达他想要表达的东西。凭着孩子般的真诚，他创作出一部又一部小说，打动了国内外无数读者，诺贝尔文学奖便是对于他的褒奖。

莫言每天晚上坚持在教室里进行创作，竟然写出了十几部中短篇小说。其中就有被改编为电影《暖》的《白狗秋千架》，在这篇小说中，他第一次写了他的故乡——高密东北乡。

1986年暑假，同学都回家了，莫言留校继续创作，创作中篇小说《筑路》。有一天，一个摄影师来找莫言，说想要将他的小说《红高粱》拍成电影。这个摄影师后来成为了著名的导演，他便是张艺谋。

电影《红高粱》取得了巨大成功，张艺谋也因此一跃成为著名导演。然而莫言并没有受到外界的干扰，他仍然坚持认真写作，相继创作出《天堂蒜薹之歌》《酒国》《丰乳肥臀》《檀香刑》《四十一炮》《生死疲劳》等重要作品，并多次获奖。莫言也由原来的省内知名作家，成为中国文坛的一颗耀眼的明星。

莫言的小说不仅在国内产生了很大的反响，同时也引起了许多国外学者的注意。汉学家葛浩文在读过《天堂蒜薹之歌》之后，便决定开始翻译莫言的作品。翻译了莫言的几乎所有经典作品，并给予了莫言高度的评价。

由于葛浩文的优秀译本的缘故，莫言开始被西方文坛所认识，并渐渐获得了他们的肯定和赞誉。2012年，莫言成为诺贝尔文学奖的热门人选，并最终摘取桂冠，为中国带来了第一个诺贝尔文学奖。

莫言获得诺贝尔文学奖，一时间，在中国掀起了一股“莫言热”，有关于莫言的一切，包括书、故乡、人生经历都成为了人们关注的热点。莫言并没有受到过多的干扰，他仍然保持着一颗平常心，一如既往地坚持写作。

如今“莫言热”虽然已经过去，但莫言的故事仍然值得我们回味。

成功启示

莫言的天赋来自于他的苦难经历，他没有浪费他的天赋；写作是他内心的诉求，他没有放弃写作。他只是在做他自己，在发展自己的天性，他不在乎别人的看法，不是怀着目的去写作。他快乐地想象，真诚地诉说，打动了读者。当我们跟随着自己的心灵奔跑时，我们会不断成长。

钱三强：
缔造中国“蘑菇云”

人物简介：

钱三强，中国原子能科学事业的创始人，中国“两弹一星”元勋，中国科学院院士。曾赴法国留学，师从诺贝尔奖获得者伊莱娜·居里，荣获法国科学院亨利德巴微物理学奖。解放战争结束以后，他毅然返回祖国，主持和参与我国第一颗原子弹研制工作，被誉为“中国原子弹之父”。

中国第一颗原子弹爆炸成功！中国第一颗氢弹爆炸成功！我国从军事落后的发展中国家一跃成为世界军事大国。我国的核科学事业取得如此快、如此大的进步，与许多留学归国的科学家密不可分，在这些爱国科学家中，便有一位科学家被称为“原子弹之父”，他就是钱三强。

变更志向，师从“新居里”

当时中国正处于战乱，被各国列强欺辱，所以，救国救民是国人的第一要务。钱三强自幼品学兼优，在父亲的影响下，他萌生了强烈的爱国之心。

钱三强出生于浙江的一个书香世家，他原来的名字叫钱秉穹，他的父亲是我国著名语言学家钱玄同。钱玄同思想开明，主张较为自由开放，他甚至在朋友面前，将钱三强称为自己的“世兄”。

钱三强自幼跟随父亲在北京生活，在蔡元培领导的孔德中学读书。受到孙中山的《建国方略》一书的影响，钱三强中学毕业后报考机电工程专业，以期增强我国工业实力。他的决定得到了父亲的支持。

在一次偶然机会下，钱三强听了清华大学物理系几位老师的授课，精彩绝伦的物理课堂打动了他的心，他决定报考清华大学物理系，他的决定再次获得了父亲的支持。

钱三强最终顺利考入清华大学物理系，钱玄同得知此消息后便写了一幅字送给儿子，这幅字就是“从牛到爱”，意思是从牛顿到爱因斯坦，以激励钱三强努力学习物理知识。

在清华大学物理系，钱三强不仅学到了物理学知识，还有幸认识了他未来的妻子——何泽慧。

1936年，钱三强从清华大学毕业，他必须选择谋高官还是做学问。他选择了后者。在钱玄同的建议下，他进入了北平研究院物理研究所从事物理研究。在此期间，钱三强工作踏实，研究刻苦，深受研究所所长严济慈的赞赏。严老师觉得钱三强是可造之才，便鼎力推荐他赴法国留学。

1937年，钱三强赴法留学，进入巴黎大学镭射研究所学习和工作，他的导师就是居里夫人的长女伊莱娜·居里。和她的母亲居里夫人一样，伊莱娜·居里因人工放射性研究而与丈夫共同获得诺贝尔物理学奖。

钱三强十分幸运地师从“新居里夫妇”，在镭射研究所学习和工作的经历，对他日后领导研制原子弹这一工程具有决定性的意义。

“中国居里夫妇”，结缘原子弹

钱三强夫妇的爱情至今仍被传为一段佳话，他们相互仰慕、志同道合，被称为“中国的居里夫妇”。

伊莱娜·居里在很久以前就已经领导过一个法国科学小组，这个小组主要是对核裂变进行研究，他们讨论了铀裂变的可能性，后来在撒哈拉沙漠中完成了一次铀裂变实验，这次实验正是原子弹实验的雏形。

在居里的指导下，钱三强刻苦钻研科学技术。1940年，他在居里夫妇的指导下，完成了α粒子与质子碰撞的研究工作，并完成了博士论文《α粒子与质子的碰撞》。1943年，整日埋头于研究工作中的钱三强，突然收到了何泽慧的来信。

自从大学毕业以后，钱三强与何泽慧便分开了，他们将爱情的火种埋藏了8年之久。原来何泽慧在大学毕业后去了德国留学，并成为了钱三强的同行。他们取得联系后，相互表达对对方的爱意和忠贞。

1946年，钱三强与何泽慧在巴黎结婚。当时，居里夫妇也参加了婚礼，并向他们送上了诚挚的祝福。同年，钱三强夫妻俩共同参加了基本粒子会议，会议中他们对一份关于中子打击铀核的报告产生了兴趣。

钱三强夫妇在居里夫妇的支持下，展开了中子撞击铀原子核的研究。最终，他们发现了铀原子三裂变、四裂变现象。他们的这一发现引起了世界轰动，更是被我国媒体盛赞为“中国的居里夫妇”。

当时，钱三强已经发表了40多篇高水平的研究论文，并且获得了法国科学院授予的亨利德巴微物理学奖，成为了法国国家科学研究中心的研究导师。同时，他也与原子核物理事业结下了一生的缘分。

旅法归来，心系核科学

解放战争结束以后，众多爱国学子和科学家归国，为的是报效祖国、强国富民。核科学并非一般科学，钱三强曾一度报国无门，但这次没有让他失望。

当时，钱三强有高额的薪资和科研经费，如果继续留在法国工作，他一定能成为法国科学史上的伟大人物。然而，钱三强学习知识的初衷便是强国富民，而并非为一己之利。

1948年春天，钱三强告诉导师，自己决定返回祖国。导师很舍不得他，便再三劝阻，但最后还是理解了钱三强，并说：“如果我是你的话，也会这样做的。”他的一些同事在他临别之际，还将一些重要的研究数据告诉了他。伊莱娜·居里则将一些宝贵的放射性材料交给了他。

居里夫妇还在对钱三强的评议书中写道：“毫不夸张地说，在那些到我们实验室并由我们指导的科学家中，他是最优异的。”

1948年夏天，钱三强终于回到祖国的怀抱，当时我国已近解放，人们都对中国的未来充满期待，钱三强更是满怀着建设祖国的无限热忱。

钱三强回国后，受到了周培源、叶企孙等前辈们的热烈欢迎，他回到母校任物理系主任。

1949年，新中国成立，我国成立了近代物理研究所，钱三强任副所长，并正式开始了我国原子弹研制工作。

1949年3月，钱三强知道原子弹研制工作少不了精密的仪器和图纸资料，所以决定到巴黎向居里夫妇寻求帮助，以便购买一份。但仪器和图纸至少需要几十万外汇，左右为难的钱三强最终将自己的想法反映给上级。令他没有想到的是，他的反映立即受到了重视，当时中央领导人接见了他，并拨给了他5万美元。

当时钱三强竟然闻到美钞中传来的一股霉味，显然是从存放多年的国库中取来的。顿时他的泪水模糊了双眼，他知道这些钱是祖国在战乱中用鲜血保存下来的。刚刚回国的那段时间，钱三强曾四处奔走、夜不成寐，希望联合人力物力促进我国的核科学发展，但最终还是碰了一鼻子灰。

四处碰壁的钱三强曾一度沮丧、绝望，以为自己将难以实现发展我国核科学的梦想。但是新中国成立后，他看见了新当政者的远见卓识，并且相信我国核科学具有光明的前途。

1951年，钱三强任近代物理研究所所长。1954年，钱三强向国防部部长彭德怀作了原子弹问题的汇报，并自此正式开始了宏大的原子弹研制工作。

做总设计师，成“两弹”元勋

我国科学家人才济济，令胸怀大志的钱三强喜出望外。他出任原子弹研制总设计师，从容不迫地指挥手下的科学大将。最终，我国第一颗原子弹爆炸成功。

钱三强不仅仅擅长于科学研究，还擅长于科学研究的组织工作，他出色的组织能力使得我国原子弹研制工作得以顺利展开。

1995年，钱三强主持物理研究所会议，在会议上，他提出了研究所的工作方针——以研制用于原子弹实验的设备为重点。这是研制原子弹的第一步准备工作。

核武器研制工作非常宏大复杂，钱三强知道自己该干什么，找谁来干。做好原子弹研制的准备工作后，钱三强开始部署研究人员的工作：朱光亚任核武器研究院副院长，邓稼先主持原子弹理论设计，周光召担任邓稼先的副手，并将王金昌、彭桓武、郭永怀等人才调入原子弹研制队伍。

诸多科学家的合力攻关，最终逐一完成了铀提纯、原子弹点火装置等关键性原子弹研制工作。庞大复杂的原子弹研制工作，在钱三强的合理策划组织下，在诸多科学家的不懈努力下，最终顺利完成。

1964年10月16日，我国第一颗原子弹爆炸成功！说来也巧，这一天正好是钱三强的生日。就在这一天，我国成为了世界上第五个拥有核武器的国家。

“原子弹之父”钱三强的工作还远远没有完成，他的宏伟理想只实现了一部分，他的雄心壮志远不止于此，他还有更多壮大我国核科学事业的伟大构想。1967年，我国第一颗氢弹爆炸成功！

钱三强宠辱不惊，继续致力于核科学事业的发展。不久，“文化大革命”来临，但他仍坚持参加核科学研究工作。对于核科学事业的热爱，让钱三强在苦难中不屈不饶，最终在这场灾难中挺了过来。

1992年，钱三强逝世。为纪念他对祖国核科学事业的卓越贡献，1999年我国追授钱三强“两弹一星”功勋奖章。

钱三强是一个伟大的科学家，他的爱国情怀和科研精神值得我们永远铭记、继续发扬。

成功启示

钱三强对自己的一生有明确的规划，他有自己的目标和计划，他考入清华大学物理系、留学法国，再回国研制原子弹，他一步步实现了自己的宏伟计划。当一个人对自己的人生有了明确的规划，那么，他就会做出自己的选择，并为之付出努力。

钱伟长：
弃文从理的“力学之父”

人物简介：

钱伟长，世界著名科学家、教育家，中国近代力学奠基人之一，被誉为“中国力学之父”“应用数学之父”，曾任上海大学、南京大学、暨南大学、南京航空航天大学等校校长。钱伟长在国际学术界享有盛名，国际上以他的名字命名的力学、应用数学科研成果有“钱伟长方程”“钱伟长方法”“钱伟长一般方程”“圆柱壳的钱伟长方程”等，还与著名科学家钱学森和钱三强并称为“三钱”。

中国近代科学史上出现过“三钱”，“三钱”便钱学森、钱三强、钱伟长，他们都是中国人熟知的科学家。钱伟长本可以在国外有着很好的生活，但在祖国危亡之际，他毅然踏上了回国之路。

为国而学，弃文从理

鲁迅先生看见旧时代的中国人在精神上的麻木和病态，便毅然弃医从文，以文学拯救国人。钱伟长看到了中国军队的节节败退后，便弃文从理，决心为国家制造飞机造大炮。

1931年9月，一批精神抖擞的新生踏入了梦想中的学府——清华大学，这群人之中有一个文科成绩很好的无锡人，他就是钱伟长。他身材瘦小，戴着一副眼镜，在入学考试中，他的作文和历史都拿了满分，但他的理科成绩却非常差。

清华大学在那一年招生考试的命题作文是《梦游清华园》。当时，钱伟长写了一篇450字的赋。改卷老师看完后惊叹不已，想改也改不了，便给了他满分。历史考试中，考生都被奇怪的考题难住了。但钱伟长分毫不差地答对考题，再次获得满分。

钱伟长之所以文科非常优异，是因为他出身书香门第。他的父亲和祖父都是教书先生，四叔是著名学者钱穆，中学文史老师是语文学家吕叔湘。钱伟长自幼也非常爱看古书，10岁便能将《三国演义》倒背如流。

钱伟长是一个偏科生，他对数学、物理、化学和英文一窍不通，所有理科分数加起来才25分。但凭着优异的文科成绩，他被清华大学中文系录取了。可就在钱伟长被录取的第二天，爆发了震惊中外的“九一八”事变，日本对中国发动侵略战争，而中国军队则彻底落败。

钱伟长听闻“九一八”事变后非常愤怒，他认为中国人虽然没有飞机大炮，但可以自己造，所以他下定决心学习理科。他毅然放弃了中文系，而转到物理系。一开始，物理系主任不同意，钱伟长便对物理系主任软磨硬泡，物理系主任决定先让他试读一年，如果各科成绩过70分，便可转入物理系。

在物理系试读的那一年，钱伟长几乎把所有的时间都花在对理科课程的学习上。毕竟钱伟长理科基础太薄弱，经过很长时间，他仍然没有取得足够的进步，一连七次考试都没有及格过。后来系主任对他进行指导，还提供给他中文译本的物理讲义。

经过一个学期的努力，钱伟长只有物理这门课及格，但这已经令他感到欣慰。经过第二个学期的努力，钱伟长完成了常人难以完成的任务，原先零基础的他竟然在数理化和外语考试中全部考出好成绩。钱伟长终于迈出了靠近梦想的第一步。

锐意进取，屡次留学

骄傲自满便会成为井底之蛙，知识本就是无穷无尽的，钱伟长丝毫不满足于自己的学识。正是由于他开阔的视野，他才能在屡次受阻的情况下，仍然坚持出国留学。

在物理系学习的四年里，钱伟长勤奋好学，不仅学习了主修课程，还选学了材料力学、工程热力学、近世数学、化学分析诸多学科，不仅接收了各位老师的教导，还常常与老师们探讨物理学最前沿的动态。

1935年，钱伟长从清华大学毕业，不久之后，被中央研究院南京物理所录取，成为了一名实习研究员。与此同时，他还考取了清华研究院物理系研究生。不久后，日本发动全面侵华战争，中国的科学研究和教育事业受到严重干扰，钱伟长也不得不中断学习。为了躲避战火，清华大学被迫迁往昆明。

1939年，钱伟长到达昆明西南联大，并获得执教机会。此后，钱伟长决定赴英留学，但恰巧赶上第二次世界大战，出国留学便就此搁浅。

在一个偶然机会下，钱伟长读了《弹性力学的数学理论》一书，发现当时国际上关于弹性板壳的理论很混乱，便决心寻找一种统一的内禀理论。苦苦钻研数月之久，钱伟长最终发现了前所未闻的统一内禀理论。

第一次留学计划搁浅后，钱伟长再次决定出国留学，这一次他准备去加拿大，因为许多英国知名教授都逃到了加拿大。但是这一次，由于种种原因，他仍未成行。

1940年9月，钱伟长第三次决定出国留学，这一次，他终于抵达加拿大，在多伦多大学开始了艰辛的留学生涯。

钱伟长留学时的老师也在研究“弹性板壳的统一内禀理论”，后来他们师生决定共同写一篇论文，以祝贺冯·卡门教授60岁诞辰。同样以论文祝寿的还有爱因斯坦、冯·诺伊曼、铁木辛柯、科朗等知名科学家，钱伟长是其中唯一的中国青年学子。

实力超群，学界新星

留学期间，钱伟长勤奋好学、厚积薄发，充分发挥了自己的学术才华，屡屡取得骄人的成绩，使得自己迅速成为了一颗学界新星。

留学的第一年，钱伟长就完成了论文，还在内禀理论方面，打通了宏观理论与微观理论之间的通道。钱伟长具有的学术才华使得冯·卡门教授注意到了他，此后还邀请钱伟长进入美国加州理工大学航空工程系学习。

冯·卡门是当时世界著名的科学家，钱伟长接受他的指导是十分幸运的。1943年，钱伟长获得了多伦多大学的博士学位，随后便进入了加州理工大学哥根海姆实验室工作。

钱伟长主要从事弹道计算，以及进行飞弹的空气动力学设计。经过长期的研究和实验，他提出了计算人造卫星每绕地球一周将降低多少高度的简便方案，还对火箭弹道进行了微分修正，在人造卫星轨道的计算方面做出了很大贡献。

1944年夏，在航空研究上取得突出成就的钱伟长，成为了美国航空科学学会正式会员，还在美国进行了多次火箭发射实验。同年秋天，他完成了一篇著名的论文《超音速对称锥流的摄动理论》，该论文在国际上引起了轰动。此外，美国应用数学季刊还连载了他的博士论文，其中有一个重要的方程被称为“钱伟长方程”。

1943年至1946年，钱伟长在学术上连连取得突破。他提出了一种新型摄动法，但直到20世纪50年代后期，他的这项成果才逐渐被人们认识和接受。1946年，钱伟长与冯·卡门合作发表了《变扭率的扭转》一文，该论文被冯·卡门誉为他一生中最为经典的弹性力学论文。

报效祖国，奠基力学

在美国顺风顺水、如日中天的钱伟长并没有忘记自己是中国人，更没有忘记自己成为科学家的初衷：为祖国造飞机大炮。他带着满腹的才华回到祖国，并开始了他真正的事业。

钱伟长的事业如日中天，但就在此时，他萌生了回国的念头。当时我国已经取得了抗日战争的胜利，他十分渴望回到祖国，实现当初的誓言：中国人自己制造飞机大炮。

1946年5月6日，钱伟长放弃了在美国的一切，只带了些简单的行李便回国了，当时他才34岁。

钱伟长回国后，来到清华大学，看见母校已经沦为废墟，心痛不已。

清华大学复校时，他掏钱买来图书，并且承担清华大学、北京大学等多所大学的力学课程，并担任《清华工程学报》主编，同时还继续从事科学研究。1949年，钱伟长在润滑问题上取得突破，他的成果可用于计算润滑轴承问题。

1954年至1956年，钱伟长响应祖国的号召，投入到了祖国制定的“自然科学12年规划”的工作中。钱伟长与其他多位科学家进行研讨，提出了6项内容：原子弹、导弹、计算机、半导体、自动化技术、无线电电子学。

1954年，钱伟长出版了他的科学专著《弹性圆薄板大挠度问题》，其中的“钱伟长法”被力学界公认为是最经典、最接近实际而又最简单的解法，这一成果也使钱伟长获得了国家科学奖。

钱伟长凭借着在学术上开创性的贡献，成为了中国近代力学的奠基人之一，被誉为“中国近代力学之父”。

成功启示

擅长文科的钱伟长从零开始学习理科，并且最终成为了世界著名科学家，他的成功源于他的志向和努力。他的远大志向是他不断前进时的方向，始终鞭策着他继续前进，他的努力便是他行走的脚步，使他不断接近自己的目标。钱伟长最终兑现了他的誓言，为祖国的建设做出了巨大贡献。

钱学森：创造“两弹一星”的神话

人物简介：

钱学森，世界著名科学家，中国载人航天事业奠基人，中国“两弹一星”功勋奖章获得者，被誉为“中国航天之父”“中国导弹之父”“中国自动化控制之父”和“火箭之王”。

新中国成立后科技和经济较为落后，但在1956年至1968年的短短12年内，我国竟然在没有其他国家帮助的情况下，成功研制出了只有发达国家才拥有的导弹、原子弹和人造地球卫星。“两弹一星”神话的创造者正是被美国当局扣留了5年的钱学森。

为国而学，赴美学习造飞机

20世纪初期的中国正在被外国列强宰割，很多爱国人士勇敢地投身战场。在战士们抛头颅、洒热血的时候，又有多少学子决心以知识拯救祖国、报效国家，钱学森便是其中的一个。

钱学森出生在上海的一个知识分子家庭，他的父亲曾在日本留学，是一位博学多才的教育家，他为钱学森创造了良好的学习环境，他也被钱学森认为是人生中的第一位老师。

钱学森的中学几何教师傅仲孙先生常常对学生讲："我讲的道理是纯粹推理，这样推出的道理，不但教室里如此，全中国也如此，不仅全中国如此，全世界也如此，不仅地球上如此，到了火星上也还得如此！"治学严谨的傅仲孙先生给钱学森留下了深刻的印象。

北师大附中提倡文理兼备，追求对知识的理解，忌讳死记硬背。钱学森除了学习理工部的主课，还选修了代数、几何、物理、英语、德语和伦理学。

1929年，钱学森考入上海交通大学。上海交大以严格著称，规定必须背诵重要课程的课文，这一点与北师大附中的教学理念大相径庭。钱学森自觉适应上海交大的学习氛围，坚持学好每一门课，最终每一门课的成绩都在95分以上。

在北师大附中和上海交大，钱学森学到了很多使他获益一生的知识。他认识到，中国的落后主要在于经济和科技不发达，日本之所以崛起，全是因为它向外国学习了先进的科学技术。因此，钱学森对自己所学到的知识没有丝毫的满足，他希望学到更多更先进的知识，以报效我们的祖国。

从上海交大毕业一年后，钱学森决心到欧美国家留学深造。经过考试，他取得了清华大学公费留美的资格。鉴于中国没有飞机制造这一新兴工业技术，他决定到美国学习飞机制造技术。1935年，钱学森乘船来到美国坎布里奇市，这里有两所世界知名大学：哈佛大学和麻省理工学院。

在麻省理工学院，钱学森如饥似渴地学习着科学知识，仅用了一年时间，便获得了硕士学位。钱学森还希望亲临飞机制造厂进行学习，但飞机制造厂拒绝钱学森入内。钱学森感到非常屈辱，同时学习先进科学技术的愿望也变得更加强烈了。

埋头苦读，成为美国座上宾

通过自己的经历，钱学森深深地体会到：你弱小，便被歧视；你强大，便被尊敬。原本遭受歧视的钱学森，经过刻苦的学习，最终成为美国的座上宾，但这并非他的目的，他的目的只有一个：将先进的科学技术带回祖国。

怀着远大的抱负，钱学森转投加州理工学院。加州理工学院不仅是一所优秀的大学，而且是当时最著名的航空研究中心，世界著名力学大师冯·卡门便在这里工作。

钱学森希望在冯·卡门的指导下学习，冯·卡门了解以后，便对他进行了测验，钱学森反应灵敏、对答如流。冯·卡门觉得钱学森功底深厚，而且志向远大，因此非常赏识他。1936年，钱学森进入航空研究中心学习和工作。

就像在上海交大一样，钱学森刻苦学习，立志读完世界上所有的力学著作。他每天都要坚持读书12小时以上，就这样坚持了整整3年，不仅读遍了他所能够获得的力学书籍，还研究了现代数学、量子力学、统计力学、相对论等学科理论。1939年6月，钱学森完成了《高速气动力学问题的研究》等4篇博士论文，获得了博士学位。

由于在学习和工作上的突出表现，钱学森被聘为航空系助理研究员，成为了冯·卡门的助手。1940年，美国航空学会年会上，钱学森的论文引起了与会者的兴趣，同时为他赢得了很高的声誉。钱学森在实验室的表现也非常突出，他和同事进行过许多航空实验，还建立了一个火箭实验基地。

1943年，钱学森参与了军方的导弹设计，所提交的报告受到军事当局的高度重视，这份报告也为美国成功研制各类导弹和火箭奠定了基础。1942年2月，钱学森与他的恩师冯·卡门共同参与了火箭技术研究，为美国火箭事业的发展做出了重大贡献。

钱学森还参与了美军关于火箭发展的规划工作，美军曾评价钱学森道："为法西斯战争的胜利作出了巨大的无法估价的贡献。"甚至还将钱学森视为美国航空发展史上的关键人物。

不忘初衷，归国之行屡受阻

在美国奋斗多年的钱学森最终被无理扣留，原因仅仅是他要回到祖国的怀抱。钱学森凭着坚强的毅力，忍受了整整5年，最终利用自己的机智，终于回到祖国的怀抱。

钱学森在美国奋斗了整整12年，取得了许多杰出的成就。但他始终没有忘记最初的愿望：利用先进的科学技术强大祖国！

钱学森曾说："现在中国政局混乱，我要到美国学技术，学成之后一定回来为祖国效力。”1948年，解放战争取得了决定性胜利。1949年10月1日，中华人民共和国中央人民政府成立，毛泽东主席向全世界庄严宣告，中国人民站起来了！

听到这一消息后，钱学森内心激动不已，他还四处奔走将此消息告诉中国留学生，希望大家尽早投身于祖国的建设中去。

钱学森首先申请退出美国空军咨询团，又申请辞去兼任的美国海军炮火研究所顾问的职务。然而，他多年来一直参与军事技术工作，美国军方绝不会轻易让他回国，他的辞职申请没有得到批准。美国军方还进一步以捏造的罪名指控他，剥夺了他进行喷气技术研究的资格。钱学森一怒之下，直接向上司金布尔辞行。

金布尔无法说服钱学森，他便给联邦调查局打电说：“钱学森知道得太多了，他无论走到哪里，都抵得上五个师！无论如何不能让他走！”“我宁可把这家伙枪毙了，也绝不让他离开美国！”

正当钱学森准备回国时，他的行李却被美国海关扣留了。联邦调查局声称“钱学森这个狡猾中国人的全部活动，证明他是毛泽东的间谍！”美国当局关押了钱学森。钱学森的恩师冯·卡门得知钱学森被关押后，联合各界人士向移民局提出抗议，要求释放钱学森。钱学森在被关押了半个月后才得以释放。

释放钱学森后，美国当局仍保持着对钱学森的监视和控制，钱学森也因此度过了整整5年的软禁生活。但钱学森并没有放弃回国的计划，他决定通过著书的方法让自己脱身。他的著作出版后，产生了广泛影响，美国当局也不得不承认，钱学森的研究课题已经脱离了“军方机密”，最终只得放钱学森一家人回国。

两弹一星，强国之梦终成真

当时只有美、苏、英、法4个国家才拥有核武器，当时只有苏、美、法、日4个国家才能成功发射卫星，作为一个落后的发展中国家，中国怎么可能同时拥有核武器和卫星呢？然而，钱学森却创造了神话。

1955年10月8日上午，钱学森终于踏上了祖国的土地。钱学森回国的消息传遍了大江南北，周恩来总理亲自来慰问他。

力学是科技发展的基础学科，如果没有基础学科的支持，我国的科学技术将难以发展。钱学森正是我国非常需要的科学人才。1956年1月5日，中科院力学所正式成立，钱学森被任命为所长。

1956年1月23日，陈赓在晚会上问钱学森："你看，中国人能不能自己搞导弹？""为什么不能！"早在1955年12月，钱学森就已经作过了一次关于火箭导弹的报告，还主持制定了我国火箭技术发展的规划。

从1956年开始，火箭和导弹事业便成为了钱学森工作的重心。

1956年10月8日，中国第一个火箭导弹研究院——国防部第五研究院正式成立！钱学森被任命为首任院长。由于当时中国在导弹方面缺乏人才，他便开办了关于导弹知识的课堂，亲自讲授关于卫星和导弹方面的知识。

1960年11月5日，一枚由钱学森指导研制的导弹"东风1号"发射成功。1962年3月20日，"东风2号"首次试飞失败。1964年初，经过改进的"东风2号"发射成功。1964年10月，我国成功研制出第一颗原子弹，中国成为了世界上第五个拥有核武器的国家！

1970年4月24日下午5时30分，"长征1号"运载火箭负载"东方红1号"卫星升空，"箭星分离！""卫星入轨！"晚上9时50分，我国接收到了卫星所播放出的《东方红》。中国成为了世界上第五个可以自行研制并发射卫星的国家！

钱学森创造了"两弹一星"的神话，令我们的祖国变得更加强大，他最初的愿望最终实现了。

成功启示

知识的力量是无价的，在知识经济时代，知识变得更加重要。如果钱学森没有学习先进的知识，他就不可能成为一位卓越的科学家。如果没有钱学森，"两弹一星"也不可能成功。钱学森用他在美国学了将近20年的知识，为我国国防工业的发展做出了巨大的贡献。

谭盾：
天生的音乐探索者

人物简介：

谭盾，著名作曲家、指挥家，在国际上享有盛名。他常以其非常规音像手段创作音乐，创作过《离骚》《风雅颂》《九歌》等东西方融合的音乐，参与过多部电影配乐工作，获得过奥斯卡最佳原创音乐奖和格莱美音乐奖。2006年，被世界十大中文媒体评为影响世界的十位华人之一。2008年，为北京奥运会创作徽标Logo音乐和颁奖音乐。2010年，担任中国上海世博会全球文化大使。

历史上许多音乐家、画家、文学家的成功并非是因为经过了相关的训练，而更多的是因为他们的艺术天性。谭盾就是如此，即使没有进行过任何的专业培训，但他却是一个天生的音乐聆听者。由于命运的安排，他走上了音乐之路，他的音乐天性成为了他的翅膀，带着他去探索音乐的神秘世界。

从乡野之地到音乐学院

谁也想不到一个农村娃儿日后竟然能成为一位蜚声海外的音乐家，因为音乐本来就是看不见的，它需要用心灵去聆听。谭盾有这么一颗擅于聆听音乐的心，正因为此，他有幸走上了音乐道路。

谭盾出生于湖南长沙，当地具有一种特有的“鬼魅文化”，谭盾从小就浸染于这种“鬼魅文化”中。孩子们都很好奇，对死亡的好奇，还有对陌生事物的好奇。小谭盾也不例外，他喜欢去看红白喜事的“表演”。

当夜幕降临，四处一片漆黑时，谭盾就躲在一旁，看着几位道士绕着烛火跳舞、吟唱，他们就像在与另一个世界对话。谭盾觉得这一切都非常神奇和美妙，他觉得他们就是天生的音乐家，他们的吟唱就是最天然的音乐。

虽然谭盾从小就对音乐很敏感，但他并没有走上音乐道路。之后又恰逢“文化大革命”，高中毕业后的谭盾去了农村。

从以上来看，谭盾不再可能和音乐有联系，但是人生的精彩之处就在于它是未知的。1976年，湖南京剧团下乡演出时发生了事故，很多剧团成员不幸遇难。湖南京剧团从乡下选拔了一批“农民音乐家”，其中就包括从小酷爱音乐的谭盾。谭盾终于从枯燥的农活中解脱出来，回归到使其痴迷的音乐之中。在京剧团，他的艺术素养有了很大的提高，并且他尝试以新的方式表演京剧，例如用小提琴演奏京剧。

1978年对于谭盾来说，是意义非凡的一年，因为在这一年，谭盾竟然敲开了中央音乐学院的大门。虽然当时谭盾对于莫扎特、贝多芬闻所未闻，但他竟然用一把三根弦的小提琴，打动了面试官。

面试时，他拉了一段《铁牛上山了》，考官根本不知道这首曲子。但是二胡滑指、木叶吹声、湘西打镏子的声音都被他融入其中，谭盾的表演打动了面试官们，成功考入作曲系。

轻狂少年成音乐才子

音乐是否美妙与权威无关，谭盾的音乐诠释了这一点。即使他并未经过专业的训练，不熟悉乐理知识，但他仍然用心灵谱写出了美妙的乐章。或许，谭盾的内心早已种下了音乐的种子，只等着它慢慢发芽、成长、开花、结果。

当时，作曲系共有30名学生，大部分都有过上山下乡的经历，平均年龄为28岁，21岁的谭盾是其中最小的一个。

虽然谭盾从未接触过西方音乐，也没有受到过专门的音乐教育，但是他却从小用心聆听着身边的声音，而且他还有过一段音乐表演的经历。

谭盾是一个守规矩的人，做起事来很有条理。但是这种循规蹈矩的习惯却丝毫没有体现在他的音乐上，在音乐创作上，谭盾就像完全变了一个人。

在校期间，谭盾完成了许多乐曲创作，他的第一首交响乐《离骚》刚一问世，就被认定为“前卫”和“先锋”的代表。

由于具有强烈的创新意识和突出的音乐才华，谭盾与其他三位同学一起被誉为当时校内的“四大才子”。

谭盾非常注重创新，但他的创新并非哗众取宠。他力图让“每部作品都像是石头，激起浪花，方才罢休”。他尝试用各种声音来制造咏叹调，这些声音独一无二，他甚至认为这种声音只有自己的乐队才会演奏。

谭盾不仅随赵行道、黎英海老师学习作曲，还跟随着李华德学习指挥。对音乐天生敏感的谭盾，非常适合学习指挥，并且学习指挥对他的创作有很大帮助。

正是凭着满腔的青春热血，谭盾创作出了独一无二的《风雅颂》，该作品一举夺得一项国际音乐大奖，并为他赢得了哥伦比亚大学的最高奖学金，更是让26岁的谭盾一时名声大噪。

纽约音乐奋斗史

人生总是充满了曲折，没有人能够始终是一帆风顺的，谭盾在取得成功之前，也曾有过一段艰辛的奋斗史。纵有出众的音乐才华，也并非能成为音乐家，只有通过自己的努力，才能取得真正的成功。

1986年，谭盾赴美留学。来到纽约后，谭盾一边学习音乐，一边忙于生计。他的工作就是在餐馆打工，比如传菜、打扫卫生、洗碗，工作都非常辛苦。直到现在，谭盾也非常害怕洗碗。

除了生计之外，谭盾最大的困难就是语言障碍，如果语言不通，学习根本无从谈起。为了学好英语，他每天都背单词，对着墙壁练口语，常常在脑海中构想他与老师的对话情景。

准备了一段时间后，他的英语水平有了很大提高，简单交流还是可以的。正式入学后，他见到了自己的导师，并与他聊起了音乐，聊起了他家乡的音乐，两人的交流非常顺利。

纽约是一座繁华的城市，同时也是一座包容各种文化的城市，在这座城市里生活着各种各样的艺术家。谭盾除了待在学校，还喜欢去纽约各种艺术场所混迹。他最常混迹的场所就是格林威治村。格林威治村是一个“梦想者的天堂”和“实验艺术家的乐园”，形形色色的人聚集在这里——诗人、舞蹈家、画家、政治家。

谭盾常常在夜里三点时候，去街头拉琴，那时候街上非常安静，只是偶尔经过车辆或行人，因此非常适合拉琴。他发现通常在银行前“生意”会好些，为此他总要和别人抢“黄金地段”。

学习和谋生的同时，谭盾也构思着自己的音乐。1989年，他以自制乐器演奏了自己的作品《九歌》，《九歌》刚一问世便引起了轰动，并使他在国际乐坛一举成名。在纽约的学习和奋斗，成为了谭盾人生的又一个转折点。

行走在音乐的探索之路

谭盾之所以取得成功，在于他对音乐的不断探索与追求，他不断创作出新的音乐，而非千篇一律、人云亦云地走在前人的老路上。艺术作品的价值不仅在于它的美，还在于它的成长、进步。

当时，李安已经成为著名导演，且正在拍摄影片《卧虎藏龙》。谭盾的音乐才华是人所共知的，但李安始终没有邀请谭盾为影片《卧虎藏龙》制作配乐。

难道李安心中有更好的人选吗？距离影片正式上映还有十几天的时间，李安既没有邀请谭盾，也没有邀请其他人，难道《卧虎藏龙》不需要配乐吗？谭盾终于忍不住了，他找到李安，问他配乐交给谁做，李安答道：“当然是你了！不然还会有谁！”

原来李安心里早就有了最佳人选，距离影片上映只有十几天了，谭盾的时间已经不多了。为了完成影片的配乐工作，谭盾夜以继日地创作，最终顺利地完成了配乐工作。《卧虎藏龙》上映之后，获得了一致好评。

美国人不仅非常欣赏影片的内容，也注意到了影片中优美的东方音乐。对于影片的配乐，美国乐评人一致给予好评。《卧虎藏龙》获得了奥斯卡最佳外语片，而谭盾则获得了奥斯卡最佳原创音乐奖。

随后谭盾又参与了《英雄》和《夜宴》的作曲，渐渐成为了“中国式大片”的固定创作班底成员。谭盾的电影配乐独具一格，充满了东方文化特有的灵性和博大，受到了很多人的肯定。

电影配乐只是谭盾的一部分工作内容，在音乐道路上，他从未停止自己对于音乐的探索。

谭盾对于音乐特有的敏感和创新从未消失，他提出利用自然素材进行音乐创作，他利用水演奏水乐，还创造了水琴这一新乐器。如今，他依然走在音乐的探索道路上，他也一定会为我们带来更多好听的音乐。

成功启示

没有什么成功是一蹴而就的，即使拥有天赋的天才也未必能成大器。在达到成功的顶峰之前，我们会遇见许多现实的阻碍和自身的不足，我们只有不断提高自己，不断克服现实的阻碍，才能登上胜利的高峰。谭盾的人生充满了巧合，他之所以能够成为音乐家，不仅是命运美妙的安排，更依赖于他对于音乐的那份执着的爱。

吴孟超：将手术进行到底

人物简介：

吴孟超，归国华侨，著名的肝胆外科专家，我国肝脏领域研究的先驱，被誉为“中国肝胆外科之父”，拯救过无数肝脏病人，被视为肝脏重症病人的救星。2005年，获国家最高科学技术奖。2011年，被评为“2010年度感动中国十大人物”之一。2011年5月，中国将17606号小行星命名为“吴孟超星”。

肝病让多少人对未来失去了希望，让多少原本幸福的家庭妻离子散。然而，有这么一个人，他从小就树立了远大的志向，最终成为一名肝脏外科医生，一次次地给绝望的病人带来希望，直至自己走到人生终点的时候，也仍未停下前进的脚步，他便是吴孟超。

爱国之心，强国之行

即使从小生活在异国，即使远隔重洋，他仍然心系中国。怀着满腔的爱国热血，他毅然选择回国。

吴孟超在5岁的时候，就跟母亲漂洋过海，来到马来西亚，投靠打工的父亲。1937年，抗日战争爆发，中国人民抗日的事迹流传到马来西亚，成为了当地华侨热议的话题。当时吴孟超正在读初中，听到中国人民抗争的消息后，他激动不已，将自己的零花钱都捐给了延安的八路军总部，意想不到的是，后来竟然还收到了毛泽东和朱德的回信。

初中毕业后，吴孟超毅然选择了返回战火纷飞、灾难深重的中国。当他到达云南后，受到了日军的封锁，因此无法到达延安，只好留在昆明求学。

其实在回国的路上发生了一件令吴孟超永远无法忘怀的事情。吴孟超一行人正要通过越南西贡海关时，当时的法国殖民者要求他们在护照上按下手印，与他们不同的是，欧美旅客通过海关时只需要签字。

“为什么不让我们签名？我们会英文，会中文，会写自己的名字！”吴孟超非常愤怒地质问验关员。

法国人讽刺道：“黄种人签什么字？你们是东亚病夫。”

吴孟超感到万分屈辱，最终不得不按下手印，同时他也萌生了一颗强烈的强国之心。吴孟超回到中国后从医、入党、参军，一心一意地将自己奉献给了中国。

吴孟超从医时宣过誓，入党时也宣过誓，而他用自己的一生实践着自己的诺言。在医学上，他提出了许多杰出的理论，独创了“吴氏刀法”，夜以继日地拯救了无数病人。吴孟超国外的朋友多次劝说他自己办医院，凭着他的实力和名气，一定能够成为大富翁。但吴孟超的心早已并不在名利，自从决心报效国家的那一刻起，他就没有再顾及个人的利益，而是尽可能奉献自己，帮助更多的中国人。

从1996年起，他便将个人所得的资金设立为基金，以奖励年轻的科研人员，如今该基金已发展为“上海吴孟超医学科技基金会”，总额达到了1500万元。

科学先驱，医学领袖

哪里落后，吴孟超就去哪里。这一次，他选择了肝胆外科，他成为了我国肝胆外科研究的先驱，成为了肝脏外科医学界的领袖，为了提升我国肝胆外科的水平，他奉献了自己的一生。

20世纪50年代初，中国的肝胆外科领域仍是一片空白。

1958年，吴孟超与张晓华、胡宏楷组成“三人小组”，对肝胆外科进行独立自主的研究和探索，并提出了肝脏结构的解剖学理论。1960年，吴孟超实施了我国第一例成功的肝脏肿瘤切除手术。1963年，吴孟超发明了“常温下间歇肝门阻断切肝法”，改进了西方沿用已久的传统技术，使肝脏手术成功率提高到90%以上。

当时，第二军医大学成立了我国第一个肝胆外科，吴孟超便开始招收硕士研究生，他先后培养出了260多名硕士生、博士生，这些人已经成为了我国肝胆外科的骨干。吴孟超还建议将肝胆外科扩展为肝胆外科医院，此后该医院又发展为专科医院和研究所，并成为了世界一流、国内最大的肝胆外科医院。

2006年，吴孟超连同其他6位院士共同向国家提交报告，之后，我国卫生部将肝病研究纳入了“十一五”重大传染病专项。2010年，“国家肝癌科学中心”落户上海，这正是吴孟超多年来设想的中国肝癌治疗的“航空母舰”。

如今，我国肝病诊断准确率、手术成功率和术后存活率位居世界领先水平，我国在肝胆外科领域取得的进步和成就，与肝胆外科领域的探索先驱吴孟超密不可分。时至今日，吴孟超已完成14000多例肝脏手术，成功率达到98.5%。

柳叶刀法，医者仁心

所谓熟能生巧，吴孟超有高超的医术，他的“吴氏刀法”拯救了无数生命。吴孟超热爱中国，更热爱老百姓的生命，他始终践行着为人民服务的誓言。

吴孟超独创了享誉中外的“吴氏刀法”。凭着熟练的“吴氏刀法”，吴孟超从死神手中夺回了无数生命。

1986年，在一次手术中，病人血管瘤突然破裂。医生们都慌了神，就算用最粗的线，也扎不住血管瘤。在病人命悬一线之际，吴孟超取过盐水纱锭，扎住了破裂的血管。助手们都感叹，这种止血方法恐怕也只有大师才能这般果敢地用。

肝脏结构的复杂程度是难以想象的，除去肝部血管的4支主干，各主干还会分出更多的小血管，一不小心哪儿被捅坏了，病人就可能会因此而丧命。吴孟超的刀法既精准又流利，其他医生动手术都需要边想边做，而他却胸有成竹、行云流水，别人需要用两个小时，他只需要一个小时。

2011年，一位病人躺在了吴孟超的手术台上。在几个月前，该病人在另一家医院进行治疗，当时医生发现肿瘤难以切除，便建议进行肝脏移植，费用是40万元。该病人没钱进行肝脏移植，便只得来找吴孟超。

吴孟超检查了病人的肝脏，随后，他只用了两个小时，便成功切除了肿瘤。最后，患者仅花费了2万元。

有一次，一位日本的同行观看了吴孟超做手术的全过程，却无法理解吴孟超的双手是如何成为他的“第三只眼”的。还有一次，美国的一位教授连续3天观看他做手术，最终他无法相信当时的吴孟超已经是80多岁的老人了。

吴孟超最可贵的不是高超的技术，更可贵的是他对病人的关爱。

找吴孟超的病人大多是无路可走的重症病人，但吴孟超从未拒绝过他们，也从来不担心手术失败可能会对自己名誉造成不良的影响，他是想尽力多救一条人命。

2004年，一位女大学生身患重病，许多医院都拒绝收治。最后这位姑娘找到了吴孟超，吴孟超决定救治她，在经过10个小时的手术后，姑娘保住了性命。5年后，这位姑娘把自己的婚礼定在9月24日，这个日子正是吴孟超赋予她新的生命的日子。

2005年，上级对吴孟超进行考核，确定次日与他谈话，医院便取消了他原定的手术，但他无论如何不允许推迟手术。吴孟超就是这样，把患者的生命看得比天还大，把人民的利益看得高于一切。

吴孟超痛恨收红包、拿药品回扣的现象，为此他给自己的医生定下了很多严格的规定。吴孟超进行的肝癌手术，费用一般只需2万元左右，远低于国外和国内大多数手术的费用。正如他自己所说的，“我们要对病人负责，为病人省钱。”

鞠躬尽瘁，生命不息

吴孟超是一名斗士，始终保持着旺盛的战斗力，即使已过耄耋之年，仍坚持每天工作，他的心永远都那么年轻，他至始至终都保有那颗爱国爱民的赤子之心。

有一年春节，护士长看到吴孟超正走出手术室的洗澡间，心里很疑惑，便问他："这几天没有手术，您去手术室干嘛？"

吴孟超回答说："没事,来转转。"

护士长看出了他的心思，他一定是在家里憋得慌，才来手术室过把瘾。

吴孟超从成为医生的那一刻起，就再也没有停止过工作，他做过无数次实验，进行过无数次手术。他最不喜欢别人拿着一堆东西找他签字，常常开会开到一半便站起走人，他的理由就是："我开刀去了。"要是心里不开心，他总会说："开完刀就好了。"

吴孟超心里有着一幅宏伟的蓝图：5到10年内，将肝癌术后的生存率提高到80%，30到50年内，寻找出治疗肝癌的根本途径。为了心中的宏伟蓝图，他不停奔跑，忘记了时间。

早已功成名就的吴孟超完全可以选择安享晚年，但他仍选择继续前行，他说："我是一名外科医生。如果有一天我要倒下，就倒在手术室里，那将是我最大的幸福。"直至80多岁，他仍不知疲倦，每天按时上班，很晚下班，坚持每周做6到8台手术。

"我是一名医生，更是一名战士，只要我活着一天，就要和肝癌战斗一天。"这是他的誓言，也是他一生的真实写照。

成功启示

信念的力量是巨大的，当你的心拥有强烈的梦想和追求时，你便拥有了超乎常人的动力和明确的方向。吴孟超的爱国之心驱使他不远千里，重返战火纷飞的中国，使他投身于当时还一片空白的肝胆外科研究。心中的信念赐予吴孟超不息的生命力，把自己的一生奉献给了需要他帮助的人。

杨澜：四次充满智慧的转型

人物简介：

杨澜，中国著名电视节目主持人、媒体人、企业家，主持过中央电视台节目《正大综艺》，随后辞去主持人一职，赴美深造。回国后，杨澜担任阳光文化影视公司董事局主席，制作并主持了国内首个高端访谈电视栏目《杨澜访谈录》，曾应邀出任北京申办2008年奥运会的形象大使。

杨澜是许多女性学习的榜样，她的人生经历塑造了她集美丽、智慧、优雅、知性于一身的美好形象。杨澜原本只是一名普普通通的大学生，但她通过自己的努力，如今已成为著名主持人和企业家。杨澜的人生经历并非寻常的励志故事，杨澜的故事告诉我们的是智慧的重要。杨澜给她自己也是给大家，描绘出了一幅由四次华丽转型构成的人生图景。

从普通大学生到央视主持人

每一个大学生都要面临就业，杨澜也不例外。就业总是充满着偶然和运气，但杨澜告诉我们，就业不仅仅是由运气决定的，当一个很好的机会摆在你的面前时，你必须敏锐地察觉它，并尽自己最大的努力去争取，否则好运只是遥远的彩霞。

1986年至1990年，杨澜就读于北京外国语大学英语系。杨澜和其他大学生一样，并没有什么特别的地方，甚至有的时候她还缺乏自信。比如，她曾因为英语听力课听不懂英语的意思而感到特别沮丧，直到她的听力水平有所提高后，才逐渐重拾了自信。

杨澜说："我经常觉得自己不是一个有才华和极端聪明的人。"但事实并不是她认为的那样，杨澜不仅大胆直率，而且看待事物有自己的独到的见解。杨澜学习的是英语专业，应当从事与英语相关的工作为宜，但她却选择了尝试应聘主持人。

1990年2月，中央电视台节目《正大综艺》正在全国范围内招聘主持人。杨澜决定前去试一试，结果她以其自然清新、睿智大方的台风脱颖而出。由于她长得不是很漂亮，在第六次试镜时，只是被列为"被考虑范围之列"。

杨澜得知这一消息后，大胆地反问导演："为什么非得只找一个女主持人，是不是一出场就是给男主持人做陪衬的？如果能够有机会的话，我就希望做一个聪明的主持人。""我不是很漂亮，但我很有气质。"杨澜不失大方地陈述了自己的见解，导演也被杨澜的话打动和说服了。

毕业之后，杨澜正式成为《正大综艺》的节目主持人。杨澜告诉我们，主持人不一定非得漂亮，与脸蛋相比，女人的头脑更重要。正是凭着自己的才智，杨澜才能胜任《正大综艺》节目主持人一职，不仅让《正大综艺》被更多观众所喜爱，同时也开阔了自己的眼界，展现了自己的能力。

四年的央视主持人的经历对杨澜影响很大，不仅让她打下了从事媒体工作的扎实基础，而且也帮助她确立了未来的发展方向：做一名真正的传媒人。

从央视主持人到美国留学生

当你取得成功后，你就难以舍弃成功，并且畏惧失败。一心惧怕失败的人只会固步自封，失去前进的动力。假若杨澜始终在央视，她或许能够成为一名杰出的主持人，但却难以成为一个开创属于自己的传媒帝国的著名传媒人。

四年的主持经历使杨澜获得了许多媒体的赞赏，可想而知，杨澜的主持人生涯一定会一帆风顺。然而就在人们对杨澜赞不绝口之时，杨澜做出了一个令人难以理解的决定：辞去央视主持人的工作，前往美国留学深造。

那时正是杨澜事业的高峰期，如果当时选择激流勇退，就意味着放弃目前取得的所有成绩，意味着放弃触手可得的美好未来。然而杨澜却坚持了自己的决定，资助她留学的正大集团总裁谢国民先生，说过一句话：“我觉得一个节目没有一个人重要。”杨澜很认同谢先生的话。

1994年，26岁的杨澜远赴美国，就读哥伦比亚大学国际传媒专业。此举的意义对于杨澜而言非常重要，正是通过这次转型，杨澜今后才可能拥有自己的媒体事业。远在美国的杨澜孤身奋战，遇到过许许多多的困难，所幸的是，耐心的杨澜克服了这些困难，并且走出了困境。

有一次，杨澜为了完成论文，奋战到深夜两点钟，最后终于完成。不幸的是，完成的文稿还没有保存，电脑就突然关机了。杨澜忍不住大哭起来，心想第二天交不上论文了。但最后，杨澜忍着泪水，再次完成了论文的写作。

回忆其在美国留学的那段辛苦而充实的经历，杨澜说：“有些人遇到的苦难可能比别人多一点儿，但我遇到的困难并不比别人少，因为没有成功是轻而易举的，需要经历的磨难、委屈，一样儿也少不了”。

在求学期间，杨澜“现学现卖”，与上海东方电视台联合制作了节目《杨澜视线》（一个关于美国政治、经济、社会和文化的专题节目）。在节目中，杨澜以其独到的眼光解说她所看见的世界。《杨澜视线》被发行到国内52个省市电视台播出，杨澜实现了从一个娱乐节目主持人向复合型传媒人才的过渡。

远在异乡的杨澜认识了她的人生伴侣吴征先生。吴征先生也是杨澜的伙伴，为杨澜的事业出谋划策。

从美国留学生到凤凰卫视主持人

“一个节目没有一个人重要”，杨澜通过留学美国，成为了一个更杰出的人才，通过深造，她让自己变得更加强大。

1997年，杨澜从哥伦比亚大学毕业，回国以后，杨澜从零开始，寻找适合自己的工作。她没有进入央视，也没有选择其他电视台，而是选择了刚刚成立的凤凰卫视中文台。杨澜加盟凤凰卫视中文台后，便开始筹划她回国后的第一件作品——《杨澜工作室》。

杨澜全权负责电视节目《杨澜工作室》，她不仅是该节目的主持人，而且该节目的选题人、预算负责人，杨澜凭借着在美国学习到的媒体知识和电视台文化，以及她多年来的媒体实践经验，《杨澜工作室》取得了巨大的成功。

《杨澜工作室》可以说是杨澜回国后的实践性作品，杨澜在制作该节目的过程中积累了许多经验，也为以后自己事业的发展开拓出了巨大的空间。在《杨澜工作室》这个节目中，杨澜在两年内先后采访了120多位名人。采访这些名人对杨澜来说，真是受益匪浅，其中就有不少名人与杨澜建立了良好的工作关系，在她日后的事业发展上为她提供了不少帮助。

通过在凤凰卫视的两年磨练后，杨澜与曾经主持《正大综艺》的杨澜已经大有不同，确切地说，是有了质的变化。相比于从前，现在的杨澜已经拥有世界级的知名度以及多年的传媒工作经验，另外还有许多良好的人脉，种种因素都促使杨澜从主持人转型为企业家。

从凤凰卫视主持人到企业当家人

杨澜追求的是真正的传媒事业，她本可以继续在央视工作，但为了开创新的传媒事业，她选择了赴美留学。回国后，她本可以继续在凤凰卫视做自己的电视节目，但她为了成立自己的文化传媒公司，放弃了自己的工作。杨澜一直在追求的是自己的传媒事业，而不只是一份普普通通的工作。正因如此，她才可能不断放弃，又不断前进。

当人们以为杨澜就会在凤凰卫视扎根的时候，杨澜再次出人意料地做出了一个令人惊叹的选择，1999年10月，杨澜离开了凤凰卫视，并且没有前往任何一家电视台，一度处于沉寂的状态。

直到2000年3月，她成功收购良记集团，并将其更名为阳光文化网络电视控股有限公司时，人们才发现杨澜突然离开凤凰卫视并且一度销声匿迹的原因，原来杨澜正在打造一个属于自己的传媒帝国，杨澜就是这个帝国的女王。

杨澜利用自己在传媒界的朋友圈和人脉，常常被报道于报刊杂志或者网站上，充分地利用传媒资源为自己的公司做了很好的宣传。然而，在杨澜创业不久后，全球经济不景气，阳光文化公司因此遇到了重重困难，杨澜也为此感到巨大的压力，几乎天天如坐针毡。

迫于市场的压力，杨澜审时度势地做出了正确的决定，它将公司成本减了一半，将亏损严重的卫星电视与香港报纸出版业务从公司中分离出去，将自己的工资减少为原来的60%。经过一系列有效的调整，阳光文化公司才得以继续生存下去。

2001年，阳光文化公司接手中国的门户网站——新浪网，此举使阳光文化开创了网络与电视结合的媒体时代，另外它还与四通合作成立“阳光四通”，以进军IT产业。在杨澜及其丈夫吴征的共同努力下，阳光文化公司终于有了盈利，摆脱了近两年来的亏损局面。

成功启示

从普通大学生到央视主持人，从央视主持人到留学生，从留学生到从凤凰卫视主持人，从凤凰卫视主持人到企业家，杨澜每一次的华丽转型都充满了智慧，正是借着一次次的转型，杨澜实现了人生的一次次跳跃。杨澜告诉我们，智慧是成功的重要因素，只有善用自己的智慧，才能跨上一个又一个台阶，才能在困境中坚持下去并转危为安，到达自己的理想之巅。

杨利伟：赤胆飞跃九重天

人物简介：

杨利伟，中国第一代航天员，进入太空的第一位中国人。2003年10月15日，乘“神舟五号”飞船代表中国首次飞入太空，象征着中国太空事业向前迈进一大步。2003年11月7日，被授予“航天英雄”的光荣称号，并获“航天功勋奖章”。2014年9月15日，在太空探索者协会第27届年会中，被授予列昂诺夫奖。

我们曾经在电视机前见证了中国首次载人航天的壮举，而杨利伟就是实现这一壮举的英雄。当火箭在倒计时结束后升空时，我们同杨利伟一样激动万分。当他再次从太空舱中走出来时，我们激动万分、心潮澎湃，那是因为中国人终于实现了飞天梦想。

喜爱探索，儿时萌生飞天梦想

梦想就像是一颗种在心里的种子，只要你将它埋在心灵的土壤中，它就会不断生根发芽，最终有一天它会破土而出，不断成长为一棵参天大树。你的内心也有一颗种子吗？

1965年6月21日，杨利伟出生在辽宁省绥中县绥中镇。

绥中县绥中镇有“故事王”摇篮的美誉，这里的居民都可以讲一些传说故事，杨利伟的外公、外婆就很擅长讲故事。杨利伟自小就是听着各种民间故事长大的，他最喜欢的故事便是《牛郎会织女》《嫦娥奔月》《七仙女下凡》这类飞天神话故事。

本就有着探险兴趣的杨利伟听完这些飞天故事后，便对天空产生了强烈的好奇心。杨利伟常常昂望着夜空，想象着宇宙中的神奇事物。他还常常对妈妈说："等我长大后，一定飞上天空去见牛郎、织女和嫦娥、玉兔。"

杨利伟在读三年级时，学校组织他们去参观飞机场。同学们用他们的小手抚摸着一架架飞机，看过飞机后，还观看了精彩的飞行表演。小杨利伟心潮澎湃，萌生了一个梦想，在机场观后感的作文中写道："我长大后，一定要当一位飞行员，飞上天空对宇宙进行探密。"

报考飞行学院，实现儿时飞天梦想

杨利伟不仅一直将那颗梦想的种子埋在心里，而且每天都在为此努力着，为了让它成长为一棵大树。杨利伟一步一步地实现了自己的梦想，成为了一名飞行员。

小学毕业后，他以优异的成绩考上县重点中学。聪明的杨利伟理工科成绩非常优异，曾多次参加县中学组织的数学竞赛，还拿过许多次奖。他尤其喜欢摆弄各种电器，喜欢自己搞些奇怪的"新发明"。

读初中时，杨利伟仍然没有忘记小时候的梦想——成为一名飞行员。有一次，他和几个同学找到某位同学的爸爸，向他借来了一顶飞行员皮帽。虽然这顶皮帽不是执行任务时的头盔，但依然让孩子们兴奋不已。

怀揣着飞行的梦想，杨利伟从初中毕业，考入高中。杨利伟应该庆幸自己生在绥中县。不知道是绥中县人的身体特质的原因，还是其他原因，飞行学院常常会从绥中县的高中生中选拔若干飞行员。

听闻飞行学院将要到自己所在的高中招收飞行员，杨利伟觉得实现梦想的机会终于来临了。杨利伟毫不犹豫地报考了飞行学院，而且没有和家里人商量。杨利伟知道作为教师的妈妈和在党校上班的爸爸一定不同意他的选择，他们更希望杨利伟考进综合性大学。然而，杨利伟内心的飞天梦想最终战胜了父母对他的期望。

杨利伟顺利地通过了体检，并在做完扩瞳检查后，在医生的建议下戴上了墨镜。杨利伟戴着新鲜时髦的墨镜非常高兴，因为极有可能考进飞行学院，成为一名飞行员。墨镜的出现让他的母亲发现了杨利伟的秘密，杨利伟的母亲便给出差在外的丈夫打电话：“快回来，家里出大事了。”

杨利伟的爸爸妈妈和杨利伟协商了很久，可还是被杨利伟的飞行梦想打动了，同意杨利伟报考飞行学院。

1983年，18岁的杨利伟顺利考入中国人民解放军空军第八飞行学院。

在经过了4年的刻苦学习后，杨利伟于1987年从飞行学院毕业，成为空军某师的一名飞行员。杨利伟儿时的飞天梦想终于实现了，他真的成为了一名飞行员。10年间，他飞遍了祖国的蓝天，化身为天空中自由的银鹰。

激烈角逐，成为最后留下的人

杨利伟如愿成为了一名飞行员，天空就是他的舞台，他完成了无数次精彩绝伦的飞行表演，成为了一名杰出的飞行员。不断冲上天空的他，最终冲出了天空，成为了遨游太空的宇航员。

杨利伟的梦想不仅仅只是成为一名飞行员，如果可能，他更愿意去探索太空中的神秘事物。上天非常眷顾杨利伟，不仅让他实现了飞行员之梦，而且也让他有机会飞向太空。1996年，技术过硬、思维缜密、经验丰富的杨利伟，接到了参加“神舟五号”航天员选拔的通知。

杨利伟没有想到，自己竟然有机会探访遥远的太空。杨利伟激动地说：“航天员是个非常神圣的职业，自己特别希望能走进这支队伍。”杨利伟通过了初检，并被安排到医院进行临床体检。杨利伟回忆说：“我当时心里特别高兴，提前三天就去了。护士还和我开玩笑说：‘你也太积极了吧！’我当时太想加入这支队伍了！”

航天员的选拔近乎“苛刻”，必须对人体几十个大大小小的器官进行逐一检查，有一项不合格就会被淘汰。几个月下来，886名初选入围者中，杨利伟“过五关斩六将”，与其他13位空军优秀飞行员成为中国第一代航天员。

执行“神五”任务的前两年，正是最终选拔的关键时期，杨利伟为了照顾住院的妻子和在家的儿子，每天东奔西跑、忙里忙外。培训中心的领导几乎对他失去了信心。

杨利伟似乎注定要落选，但是在最终的综合选拔中，培训中心的领导万万没有想到，每天忙忙碌碌的杨利伟，竟然在考核项目中名列第一。杨利伟就这样奇迹般地通过了最终选拔，成为了执行“神五”载人航天任务的最终人选。

天地九重，独历太空21小时

宇航员是一种神圣的职业，宇航员付出艰辛的努力，随时都准备牺牲，只为代表祖国和人民探访神秘宇宙。杨利伟完美地完成了这次太空之旅，为祖国的航天事业做出了巨大贡献，杨利伟值得所有中国人骄傲和学习。

经过艰苦的训练后，杨利伟体会到宇航员需要付出很多汗水和艰辛。杨利伟必须学习天文学、天体力学、空气动力学、航天医学、心理学、外语以及载人航天七大系统的科学知识，而且学习难度比在飞行学院所学的知识要难几倍、几十倍。另外，杨利伟还必须进行艰苦的航天飞行训练，并且在自己的生活和饮食上都有着严格的规定和要求。

凭着对航天和祖国的热爱，杨利伟以超常的毅力完成了学习和训练。接下来，迎接他的就是真正的太空之旅。

2003年10月15日早上，杨利伟进入飞船，完成了各项检查。8时59分，指挥大厅发出倒计时指令，所有人都紧张得不敢出声。在这令所有人紧张的时刻，杨利伟的心率只有76次/分。据资料显示，发射前航天员心率一般都会加快，有的甚至达到140次/分。

指挥大厅里传出了最后的倒计时：10、9、8、7、6……

屏幕上，杨利伟向大家敬了一个军礼。飞船起飞了，飞向太空。

杨利伟进入了太空，他从飞船的舷窗向外望去，看到深邃而美丽的太空。他激动地告诉大家：“我看到美丽的太空了。”

杨利伟曾在模拟飞行器中进行过无数次的训练，凭着烂熟于心的操作步骤，杨利伟在21小时23分钟的太空之旅中，没有出现过一次差错。他曾自信地告诉记者：“现在我一闭上眼睛，座舱里所有仪表、电门的位置都能想得清清楚楚；随便说出舱里的一个设备名称，我马上就可以想到它的颜色、位置、作用；操作时要求看的操作手册，我都能背诵下来，如果遇到特殊情况，我不看手册，也完全能处理好。”

飞船绕着地球飞行，杨利伟拍摄下了地球壮观的景色。他在飞行手册上写下了“为了人类的和平与进步，中国人来到太空了！”

飞船绕地球飞行到第七圈时，他在太空中展示了中国国旗和联合国旗，表达了中国人民和平利用太空，造福全人类的美好愿望。

国内外的媒体和航天机构一致认为：这是一次完美的飞行。杨利伟完成了中国人飞天的重要使命，成为了中国当之无愧的飞天英雄。

成功启示

小时候的杨利伟勇敢地克服了自己的弱点，使自己变得更加勇敢。他没有放弃心中的梦想，即使和父母的期望相违背。他勇敢而努力地去尝试，并且获得了成功，实现了自己的梦想。在飞行员的道路上，他锐意进取，实现了对自己的超越，向太空发起了挑战。为了实现航天梦想，杨利伟付出了超常的努力，而他也成为了当之无愧的飞天英雄。

杨善洲：为家乡造一片绿洲

人物简介：

杨善洲，云南保山市施甸县人，曾任职于保山县委、施甸县委、保山地委，他为官清廉、一心为民，被誉为“活着的孔繁森”，1988年退休后，决心绿化大亮山，经过22年的艰苦奋斗，建成了面积5.6万亩、价值3亿元的大亮山林场，并于2009年将林场无偿献给国家，2011年，他被评为“2010年度感动中国十大人物”之一。

提到“人民公仆”这个词，我们脑海中自然会浮现出周恩来、焦裕禄、孔繁森等许多优秀共产党员的光辉形象，他们始终恪守党的宗旨——全心全意为人民服务，将自己的一生无私地奉献给了人民群众。而如今，在这份人民公仆的名单上，又添上了一个新的名字——杨善洲。

克己奉公，为人民服务

杨善洲是一个农民，所以他能吃苦，杨善洲是一名党员，所以他一心为民，绝不徇私。

杨善洲生于1927年1月，早年见证了中国人民抗日战争和中国人民解放战争的动荡历史，所幸他的家乡云南施甸县并未受战火殃及。1934年至1949年，他和家人们在家乡务农，一面心系祖国未来的命运，一面踏踏实实做好一个农民。

新中国成立后，同所有中国人一样，杨善洲对祖国满怀希望，希望投身到国家的建设中。涌动着青春热血的杨善洲积极地参加各种工作，始终秉持着踏实无私的工作精神，因此多次受到领导的肯定。1952年，杨善洲光荣地加入了中国共产党。

与其说杨善洲是一个高度自觉的优秀党员，不如说他只是一个坚持原则踏实肯干的农民。他有农民那样淳朴善良的心，有农民那样甘于吃苦的实干精神，始终恪守共产党为人民服务的原则办事，有时甚至显得不近人情。

1964年，杨善洲担任施甸县县委书记，组织建议将他妻子的户口转入城镇，他谢绝了组织的美意，坚持不搞特殊化。1978年，组织欲为他向上级提出让他的子女进城的请求，他果断撤销了这一请求。他说："身为领导干部，我应该带个好头。我相信我们的农村能建设好，我们全家都乐意和农民们同甘共苦建设家乡。"

1975年，杨善洲家里的房子年久失修，每逢下雨便到处漏水，一家人实在无法居住。他的妻子张玉珍只得专程跑到保山，找杨善洲要钱修房子。杨善洲却只掏出身上仅有的30元钱，对妻子说："你先拿这30元钱回去，买几个瓦盆接一下，暂时艰苦一下。"张玉珍接过30元钱，含着泪水回到了老家。

1986年，杨善洲家里粮食不够吃，一家人便将包谷掺进饭里煮着吃。副乡长得知这一消息后，当即给杨善洲家里拉去两袋救济粮。杨善洲知道后，将救济粮退了回去，还批评了副乡长："好多人家连包谷饭都吃不上呢，接济要接济比我们更困难的家庭。"

一诺千金，退休再"上任"

为人民服务数十载，退休后的杨善洲本可安享晚年，但他依旧是一个农民，他的心仍在家乡，在农民身上。于是，杨善洲有一次"走马上任"。

杨善洲在哪里工作，就将他的心奉献给哪里，杨善洲是一名党员，他全心全意为人民办实事。姚关镇陡坡村的父老乡亲曾多次请他为家乡办点事，其实杨善洲也想造福家乡，但苦于在其他地方工作，并且工作也一直很繁忙。杨善洲在职期间从未为家人谋过一点私利，也从未为家乡人办过一件事，但杨善洲曾向父老乡亲许下诺言：等他退休以后，他一定回到家乡为他们办一两件有益的事情。

1988年，杨善洲退休了。省委书记建议他搬去昆明安享晚年，或者去省人大常委会再工作几年，可他一直惦记着父老乡亲，便谢绝了省委书记的好意。退休以后，杨善洲既不是官，也不再健壮，他能为父老乡亲做些什么有益的事情呢？他还能实现向父老乡亲许下的诺言吗？

20世纪60至70年代，由于贫穷，农民们在大亮山上进行开荒，导致大亮山树木减少、岩石裸露、山涧干涸，导致饮用水紧缺、粮食大量减产，一片狼藉的大亮山早就成了杨善洲的"心病"。如今，杨善洲终于回到家乡，他决定再次"上任"，这一次是为家乡办事——为家乡百姓造一片绿洲。

不畏艰险，荒山变绿洲

要将一座贫瘠的荒山改成一片绿林谈何容易，但杨善洲凭着愚公移山的精神，22年如一日地坚持造林，为的是还百姓一片绿水青山。

乡亲们听说杨善洲要回乡种树，一个个都劝他："你到别处去种吧，这地方连野樱桃和锯木树都不长。"深受其害的乡亲们早已尝够了大亮山的苦头，自然也摸透了大亮山的性情。但杨善洲没有动摇，他坚信自己可以让这片荒山变成绿洲。

首先，他请来了林业部门的领导和技术人员，同他们一起上山考察。他们白天进行徒步考察，晚上就住在帐篷里，最终走遍了整座大亮山。经过24天的调查研究，杨善洲掌握了大亮山及其周边环境的信息，对于大亮山有了更深层次的了解，同时也更加坚定了"种树扶贫"的决心。

完成考察后，杨善洲立即找来帮手，成立了造林指挥部，并亲自担任指挥长。成立指挥部的当晚，他们用树枝搭了一个简易帐篷，在帐篷里召开了第一次造林会议。经过研究和讨论，他们将林场职工分为三个小组，计划在雨季到来前培育上万亩树苗。第二天，他找大亮山社长李宗清帮忙，李宗清见老书记身先士卒，感动地连声说："老书记你这么大年纪的人，不住城里住山里，为的是给咱老百姓造福，咱们还有什么可说的。办什么事，就老书记一句话，说什么我们都支持！"

通过大家共同的努力，大亮山林场终于成立了，杨善洲也迈出了实践诺言的第一步。杨善洲知道，绿化大亮山是一项非常艰巨的任务，不付出相当大的努力最终还是会失败。

开办林场的头几年，经济十分紧张，工作上也困难重重。杨善洲动员职工们克服头几年的艰辛，并主动花去7000多元钱，盖了油毛毡房，有时还拿出自己的钱给职工发工资。他们没有钱购买工具，便就地取材自己制作，就连办公桌、板凳、床铺都是自己制作的。

他同林场职工一起起早贪黑，上山挖塘种树，吃的是同一锅饭，住的也是一样的油毛毡窝棚。在如此艰苦的条件下工作，一把年纪的杨善洲没有丝毫退却，相反，他始终乐在其中。职工们曾要求给杨善洲一点特殊照顾，可杨善洲执意要和大伙儿同甘共苦。

1995年，为了提高杨善洲的吃住条件，家里人用好不容易借来的5万元钱，在林场附近建了一间房子。当杨善洲的妻子找他要钱还债时，杨善洲摆了摆手对妻子说："别人不理解我，你还不理解我？我真的没钱！"他的妻子只好含着泪水下了山，卖掉了刚盖起来的房子。

1999年11月，杨善洲在给树木修砍树枝时不慎摔倒，造成左腿粉碎性骨折。可不久之后，他又拄着拐杖爬上了大亮山，再次投入到了紧张艰辛的造林工作中。

淡泊名利，感动中国人

"杨善洲，杨善洲，老牛拉车不回头，当官一场手空空，退休又钻山沟沟；二十多年绿荒山，拼了老命建林场，创造资产几个亿，分文不取乐悠悠……"

大亮山林场渐渐步入正规，大亮山的生态也日渐好转。杨善洲并没有因此止步不前，他意识到大亮山林场想要壮大，就必须顺应市场经济，应当改变传统单一的经营方式。

林场原本以种植华山松为主，但华山松不能很快产生效益，杨善洲等人决定引进龙眼树苗，建立龙眼水果基地。龙眼水果基地获得成功后，他们又建立了茶叶生产基地，还成立了一家粗茶叶加工厂。大亮山林场的产业不断扩大，经济效益也逐渐增加，与此同时，大亮山的生态也得到了恢复，原本裸露的山石也早已被绿色植被覆盖。

从前的荒山被杨善洲改造成了绿意盎然的宝地，如今大亮山已成为周边地区重要的水源地。2009年9月至2010年5月，保山遭遇了百年不遇的特大旱灾，所幸大亮山植被丰富，储蓄了大量水源，保证了大亮山周围村子的生活用水。

杨善洲为群众办事从不计较回报，更不会索取报酬。他的妻子坐过4次林场的吉普车，他就为此交了370元的汽油费。政府奖励了他20万元，他便将10万元捐给了保山一中，将3万元捐给了林场建哨所，将3万元捐给了老年人建洗澡池。

杨善洲创造的绿洲是无价之宝，是一笔长久的绿色存款，也是一笔巨大的精神财富。2009年4月，杨善洲将价值3亿元的大亮山林场无偿转交给了国家。

2011年，杨善洲被评为“2010年度感动中国十大人物”之一，他的事迹感动了所有中国人，同时也留给了中国人一笔永久流传的精神财富。

成功启示

杨善洲出身于农民，正因如此，他才拥有农民的吃苦精神，以及对劳苦百姓的体恤和关怀，他才能真正成为一名合格的党员。杨善洲真正成功的地方不仅在于他为人民做出的功绩，在于他献给家乡的林场，更在于他拥有一颗高度自觉的公仆之心。正因为有一颗公仆之心，杨善洲才克己奉公、清正廉明，才能老有所为，为家乡造出一片绿洲。

姚明：屹立不倒的“亚洲小巨人”

人物简介：

姚明，中国篮球运动员，上海大鲨鱼队的老板。1998年，帮助中国男篮获得亚洲男篮青年锦标赛冠军，同年入选国家队。2000年，入选亚洲全明星阵容，代表男篮征战悉尼奥运会。2002年，以状元秀身份被NBA休斯敦火箭队选中。2009年，姚明收购上海男篮，成为上海大鲨鱼篮球俱乐部的老板。2011年7月20日，宣布退役。获得过劳伦斯世界最佳新秀奖、中国篮球杰出贡献奖，被评为“世界最具影响力100人”之一。

姚明是中国家喻户晓的人物，曾在NBA取得过前所未有的佳绩，并屡次带领中国男篮闯入世界八强。即使最终因为伤病导致他退役，“亚洲小巨人”也仍未倒下，他继续投身于篮球事业，并且开启了新的篮球征程。

超重“怪胎”，志向本不在篮球

拥有出色的身体天赋，但姚明并不喜欢篮球，甚至一度想要成为一名考古学家。他的父母也没有强求他，而是通过引导，让姚明渐渐了解篮球，并喜爱上了篮球。

1980年9月12日，上海市某医院一位孕妇艰难地产下了一个重得出奇的男婴，医生和护士对此议论纷纷，莫非这男婴是个怪胎？

其实，这个婴儿的父母是当时中国最高的一对夫妇，而且都是篮球运动员，父亲姚志源身高2.08米，是一名篮球运动员，母亲方凤娣身高1.88米，曾是国家女子篮球队主力球员，他们生下的儿子比寻常婴儿重也并不奇怪。

上幼儿园时，姚明长到了1.47米，在同龄孩子面前，就像一个小巨人。上小学一年级时，姚明竟然已经和班主任一样高了。姚明在班里是名副其实的大块头，但是他却从不欺负别人，甚至总是被别人“欺负”。

小学一年级时，老师问谁投篮投得准，同学们都把目光投向姚明。姚明只能硬着头皮拿起篮球，结果总是投不中。其实姚明从小就不怎么喜欢篮球，也从没打过篮球，更别说练习篮球。

姚明的父母虽然认为姚明适合打篮球，但是并没有急功近利，而是让姚明自然成长。

身体猛长的姚明很能吃，当时父母的工资并不多，并且他们把大部分工资都用在了伙食上。父母知道：姚明正是长身体的时候，非常需要营养，不能因为工资不够用，就降低姚明的伙食质量。

微薄的收入让这个家庭无法为姚明提供营养保证。姚志源左思右想，想出了一个好办法，让姚明参加篮球训练。

体育馆会免费为姚明提供伙食，而且每天还提供牛奶。如此一来，姚明就不用为伙食发愁了，而且还能借此走上篮球道路。

刻苦训练，成为天才篮球手

姚明是一个敦厚朴实、踏实认真的人，正因为如此，他才没有浪费自己的篮球天赋，通过刻苦训练，最终成为了一颗篮球界的新星。

在休息日或课余时间，姚志源就会和姚明玩篮球：姚明要是投进一球，就奖励他一件小玩意儿。在父亲的引导下，姚明开始渐渐了解篮球，学习篮球规则，看篮球比赛，并且慢慢地体会到了打篮球的乐趣。

姚明14岁时，身高竟然已经接近2米。姚志源便更加有意识地对姚明进行培养，姚明也逐渐认识到篮球的魅力。

刚进少年体校时，姚明除了身高之外，没有其他的优势。然而，他却有一个非常大的优点：踏实认真。

正是凭着这一优点，姚明一点点地开发了自己的篮球天赋，最终从毫无篮球技术的高个子，成为了一名优秀的青少年篮球队员。他很快地从普通班跳到重点班，又从重点班跳到尖子班，最后还被选入了上海青年篮球队。

13岁至17岁期间，姚明一直在上海青年篮球队。由于表现突出，17岁的姚明被邀请参加国家青年队训练营。18岁时，姚明正式成为我国国家篮球队队员。

姚明一方面继续在体育馆挥汗如雨，一方面在家接受父母的指导。姚明的父母是姚明最好的老师，看球赛录像时，他们一家三口讨论技艺，并指出姚明的缺点和应该学习的地方。上海男篮主场比赛，姚明的父母每场都去，并在球场及时指导儿子。打客场时，父母就看电视直播。姚明要是发挥不好了，他的父母会安慰他、鼓励他。

姚明从一个不爱篮球的孩童成长为一颗冉冉升起的篮球新星，站上过CBA联赛、亚锦赛、奥运会等高水平篮球舞台，并屡屡获得佳绩，最可贵的是，他没有因此而满足。NBA球探已经将目光悄悄投向姚明。

循序渐进，终成NBA状元

曾经有许多天才高中生球员入选NBA，其实姚明也可以早早地参加NBA选秀，但他没有这么做，反而踏踏实实地经历更多比赛的磨练，这也是姚明为什么能成为NBA状元并长久地保持高水准竞技状态的原因。

实际上，NBA（美国职业男子篮球协会）早已对他敞开大门，然而姚明的父母并没有急功近利，而是循序渐进地培养姚明，使其真正成长为一名优秀的篮球运动员。

16岁加入上海男篮，17岁出战八运会，18岁加入国家队，此后在CBA联赛、亚锦赛、奥运会上屡创佳绩，姚明踏踏实实地一路走来，最终成为了一名优秀的篮球运动员。2002年，姚明一家人做出了决定：参加NBA选秀！

其实，姚明在决定参加NBA选秀之前，就已经被美国媒体争相报道过，美国球探认为姚明绝对有能力在NBA立足。

2002年，在NBA选秀大会上，被念出的第一个名字是姚明。姚明被NBA火箭队，并且是以状元的身份被选中。姚明成为了亚洲历史上第一个NBA状元，一夜之间，姚明的名字传遍大江南北，成为了中国家喻户晓的人物。

状元身份的姚明被休斯敦人寄予厚望，但姚明在自己的第一场NBA比赛中却1分未得，在此后的数场比赛中，他的表现也不近如人意。姚明的表现令美国人大失所望。有一次，篮球评论员巴克利说："姚明在任何一场比赛中得到19分，我就亲驴屁股。"

就在巴克利说出这番话后不久，姚明就在对阵湖人队的比赛中夺得了20分，此后又在对阵小牛队的比赛中拿下30分、16个篮板。巴克利愿赌服输，真的亲了驴屁股，并表示姚明的确是一名优秀的篮球运动员。

渐渐地，姚明学会了英语，就连说话也像美国人一样幽默机智。他也慢慢适应了NBA赛场，屡次拿下全场最高分，并成为了火箭队的绝对主力。

征战两地，坚强意志永不倒

姚明是中国国家队的顶梁柱，因此姚明必须在NBA和国家队两地征战，坚强的意志支撑他投入高负荷的训练和比赛中。此后由于伤病困扰，他不得不选择退役。退役后，姚明仍活跃于篮球领域和慈善公益活动中。

经过若干个赛季的磨练，姚明逐渐成长起来，成为了与奥尼尔、霍华德齐名的NBA最顶尖级中锋，并成为了火箭队的绝对主力。

在NBA赛场上，姚明创造了自己的各种纪录，为中国球迷带来了一次次惊喜和骄傲：2004年2月23日，获得职业生涯最高得分41分和最高助攻7次；2005年3月11日，获得职业生涯单场最高篮板数22个；2006年12月16日，获得职业生涯最高盖帽数8个；从2003年开始，连续9年被选为NBA全明星队员。

NBA赛季结束后，球员们终于有机会调养身体，而姚明却还需要立即赶回中国，参加国家队的训练，以备战世锦赛或奥运会。只要国家有需求，他从不缺席国家队的训练，也从不会抱怨。

正是在姚明的带领下，我国男篮才能一度保持在世界前十的水平。自从姚明退役后，国家队遭受了巨大打击，跌出世界前十也是意料之中的事情。

完成了国家队的比赛后，姚明还需要返回美国进行新赛季的训练。如此高负荷的比赛和训练，即使是“亚洲小巨人”，也着实难以承受。

在高手如云、对抗激烈的NBA赛场上，姚明的身体逐渐开始出现问题。2006年，姚明被撞倒，导致右腿胫骨骨裂；2008年，左脚舟骨应力性骨折。2009年，左脚骨裂。2010年，脚踝中部应力骨折。

姚明不断从伤病中站起继续战斗，又在战斗中栽倒在新的伤病中。即使拥有一颗继续战斗的心，但满是伤病的身体却已难以坚持。2011年7月20日，姚明宣布退役。

虽然遗憾地离开了球场，但姚明仍没有放弃篮球，他接管了上海东方大鲨鱼篮球队，决定自己经营一支篮球队，另外，他还是一如既往地热衷于慈善公益事业。

姚明完成了在篮球上的拼搏，又开始了在篮球管理和篮球文化传播上的奋斗。他依然在战斗，依然是那个无所不能的“亚洲小巨人”。

成功启示

姚明的父母了解姚明是一块打篮球的好材料，但他并没有强迫他练习篮球，而是通过引导的方式，让姚明自己喜欢上篮球。姚明虽然有着过人的篮球天赋，但更重要的是，他能够通过踏实刻苦的练习开发自己的天赋，要知道，多少天才都是因为自身的骄傲和懒惰才陨落的。姚明踏实认真的品质还使他在NBA立足，让他带领国家队屡获佳绩。

俞敏洪：从英语听力障碍到留学教父

人物简介：

俞敏洪，新东方创始人，著名英语教学与管理专家。他出生于江苏某农村，曾参加过三次高考；1980年考入北京大学，毕业后留校任英语教师；1991年从北大辞职，从事民办教育事业；1993年创办北京新东方学校，现任新东方教育集团董事长、中国青年企业家协会副会长、中华全国青年联合会委员等职，被评为“20世纪影响中国的25位企业家”之一。

高考三次落榜，却成为了北大的高材生；班里被冷落的后进生，却博览群书、学富五车；被北大“踢出来”的英语教师，却创办了著名的教育培训机构；一个在街头贴小广告的穷酸汉，却成为了大公司的老总；曾经没能实现出国梦，如今却被称为“留学教父”……俞敏洪的故事激励着无数学子和创业者，我们应该学习俞敏洪坚持不懈、不畏艰险的精神。

高考失利，不抛弃、不放弃

我们总是说一次不行就两次，两次不行就三次，但真正做到的只有少数人。其实，只要我们能够坚持不懈，许多目标就能迎刃而解。俞敏洪一次高考没有考上，那么就两次，两次不行，那么就三次，他在一次次失败后仍然坚持，正因如此，他才能实现自己的梦想。

俞敏洪经历过的三次高考，他非凡的人生经历使他获益良多。你能想像一个人经历三次高考吗？或许，有些人经过一次高考的失败，就已经灰心丧气、一蹶不振了。然而，俞敏洪却经历了三次高考，始终都充满了坚定的信念。最终，他考上了中国高考生梦想中的学府——北京大学。

俞敏洪来自江苏的一个农村，他自小就跟随家人干各种农活，会插秧、割稻、砍柴，还会开拖拉机。俞敏洪的母亲常常对他说："我们农村人太苦，你还是当先生（老师）吧！"母亲为了儿子能够考上大学而默默努力．即使儿子失败了，她也没有怨言，仍然支持儿子继续为自己的未来拼搏。俞敏洪和他坚强的母亲一样，拥有一颗不屈的心，在一次又一次的高考失利中坚持了下来。

小时候的俞敏洪还受到了他的班主任的影响。他的班主任是一位英语老师，有一天，他走进教室，让所有学生参加高考，并说："我要求全班同学参加高考。我知道一个都考不上，但是我还是要求你们参加，因为你们高考完了，回到农村干活儿的时候，当你们干得很累的时候，当你们看着天上白云飘过的时候，你一定会记得你曾经为了改变自己的命运奋斗过一次，尽管这是一次失败的奋斗。"

不服输的俞敏洪认为老师的话是错的，非常想要证明老师的预言是错的，因此下定决心要考上大学。俞敏洪非常热爱学习，除了干农活外，他的时间都用在了学习上，一年过去了，他的学习成绩大有长进。俞敏洪抱着坚定的信念，尝试了一次又一次，并不因为失败而灰心，最终，俞敏洪考上了北京大学，实现了班主任认为不可能实现的梦想。

学习落后，坚持、奋斗

每个班级都有学习落后的学生，俞敏洪在北大的班级里就是后进生。后进生里面却很少有坚持不懈的学生，俞敏洪在北大后进生中就是这样一名坚持不懈的学生。他不仅没有因为成绩差而灰心，反而促使他更加努力地学习，大学四年中，他始终坚持苦练英语，并且广泛阅读书籍。

俞敏洪付出了常人难以想象的努力才考上了北京大学，对于俞敏洪而言，北京大学对于他的意义非常重要。在高考中俞敏洪的英语考试表现突出，因此俞敏洪被分到A班，然而他的英语优势并未持续多久。一个月过去了，老师发现俞敏洪擅长的英语是典型的“哑巴英语”，因此将他分到了较差的C班，C班就是“语音语调及听力障碍班”。

他一直引以为傲的英语不仅没有得到老师的肯定，还被彻底地被否定了，他的英语老师还曾当众说他的英语没人能听懂。不服输的俞敏洪不甘心，为了证明老师是错的，他常常一天背十几个小时的英语，并因此成为了北大的“单词大王”。虽然俞敏洪学习非常刻苦，但每次期末考试，他都是全班倒数几名。在别人眼里，俞敏洪只是一个被人冷落的后进生。

俞敏洪并没有因为受挫而自暴自弃，相反，他将更多的热情投入到学习和阅读中。大学的四年里，俞敏洪几乎每天都沉浸于文学、哲学、社会科学和自然科学方面的书籍中。

从北大毕业时，俞敏洪说过一番话，这番话直到现在，还在北京大学里流传：“同学们，我追赶了你们5年，加上病一年，一直没有赶上大家，但是请同学们不要放弃我。你们5年做到的事情，我做10年，你们10年做到的事情，我做20年，你们20年做到的事情我做40年，如果这辈子实在是赶不上大家，我会保证身体健康，心情愉快，到了80岁以后，把你们一个一个都送走了，我再走。”

俞敏洪始终为实现梦想而努力，即使经历过一次又一次失败，他都没有停止努力，正因如此，当初那个不起眼的农村男孩，才能在若干年后超越许多人，成为一个成功者。

颜面扫地，坚定理想、自立门户

当你在事业上经历过一次重大的挫折后，你还能重新站起来吗？你还能比以前做得更出色吗？俞敏洪被北大赶出校门后，可以说一事无成，既没有稳定的工作，又没有自己的事业。然而，俞敏洪并没有一蹶不振，而是从最基础、最底层做起，一步一步重振自己的事业。

当时北大很多毕业生都出国留学或创业，俞敏洪身边的同学和朋友也都相继出国。俞敏洪也非常想出国，国外将会有更多的机会和财富等待着他。俞敏洪也准备出国，然而成绩并不优异的他付出了很多，但是三年半之后他仍未成功，不过他还是没有放弃。

当时，俞敏洪是北大的英语教师，为了生计，也是为了攒出国的费用，俞敏洪一边在校内教书，一边在校外办托福班，为出国的学费而忙前忙后。但是有一天，俞敏洪走进校园后，听见了校园广播正在播放学校对自己进行处分的决定。

原来，学校不满俞敏洪在校外办托福班，认为他在打着北大的旗号招收学生。对他处分的决定在广播中播放了三天，北大有线电视台则播放了半个月。北京大学以这种方式宣布了对俞敏洪的处分决定，俞敏洪觉得无法再在北大待下去了。颜面扫地的俞敏洪，只得选择离开。

塞翁失马，焉知非福。俞敏洪回忆起当时离开北大的经历说："北大踹了我一脚。当时我充满了怨恨，现在却充满了感激。如果一直混下去，我现在可能是北大英语系的一名副教授。"当时被北大"踢出去"的俞敏洪并没有灰心丧气，他考虑了很久，决定自立门户，从最基本的"个体户"做起。

俞敏洪虽然丢了教职，但他还有自己的托福班。一开始这个托福班不大，就连维持生计都有些困难，然而俞敏洪却坚持自己的信念，决定将自己的英语培训班办好办大，这也是俞敏洪的新理想，一如他曾经的大学梦和出国梦，他会为此坚持不懈，直到理想实现。

创办新东方，不畏艰险、坚持不懈

俞敏洪在失业的时候找到了自己事业的方向，朝着这个方向，俞敏洪不断地努力，既不怕起步时的艰苦，也不怕创业中经历的曲折磨难。凭着坚持不懈的毅力，俞敏洪克服了许多困难，他的培训班也逐渐站稳了脚跟。然而，俞敏洪并没有止步于一个小小的培训班，他邀请昔日的朋友，共同创办了新东方教育科技有限公司，俞敏洪也因此走向了事业的巅峰。

被北大"踢出来"之后，俞敏洪全身心地投入到了自己的英语培训班。当时俞敏洪的经济基础很差，只有一间10平方米的破房子、一张破桌子、一把烂椅子。为了宣传自己的英语培训班，他用毛笔写了一大堆小广告，骑着自行车在北京的大街小巷贴广告。

俞敏洪的坚持终于有了回报，学生越来越多，因此他越干越起劲。在艰苦的条件下，经过不懈的努力，招收的学员也越来越多。本以为英语培训班会越来越好，可是俞敏洪挡了别人的财路，其他英语培训班开始打压新东方，他们把新东方的广告覆盖掉甚至直接撕去。俞敏洪的员工还曾被人用刀捅伤过，新东方遭受到的打压使俞敏洪深刻地体会到了创业的艰难。许多人都劝俞敏洪另谋他路，但他没有放弃自己的事业，反而更加坚定了把新东方办下去的决心。

俞敏洪知道一个人的力量是有限的，于是想起了已经出国的“兄弟”徐小平、王强和包凡一。俞敏洪出国一一拜访，邀请他们回国一起办新东方。几个兄弟被俞敏洪的理想和精神感动了，便怀着极大的热情回国加入了新东方。新东方在他们几个人的努力下日益壮大，2006年9月7日，新东方在美国纽约证券交易所成功上市。如今，新东方已在34个城市建立了英语学校和其他学习中心，成为了中国最大的私立教育机构。

俞敏洪从一个农村男孩成长为一个上市公司老总，期间经历过一次次的失败，俞敏洪也一次次重新站起。为了加强新东方的宣传工作以及激励众多学子拼搏向上，俞敏洪举行过大大小小许多场演讲，在演讲中，俞敏洪告诉人们，只要你有一颗坚持不懈的心，你就一定能取得成功。

成功启示

大部分成功者的成就并非是一蹴而就的，许多白手起家的企业家都曾经历过失败。在一次次失败中坚持不懈的人则少之又少，大部分奋斗者都倒在了路途中，或者满足于自己小小的成功。俞敏洪凭着坚定的信念和不懈的奋斗，才能从一个一无所有的农村男孩，成长为一个庞大教育机构的老总。俞敏洪的奋斗史启示我们，只要拥有坚持不懈的拼搏精神，就一定能成功。

朱光亚：一辈子只做一件事

人物简介：

朱光亚，中国科学院院士，我国核科学事业的主要开拓者之一，曾与“三钱”共同致力于我国核武器研究。曾赴美密执安大学留学，获得博士学位，他是号召我国海外学子归国的重要人物，先后参与了原子弹研制和多次地下核试验设计，为加强我国国防力量作出了重大贡献，2011年，他被评为“2010年度感动中国十大人物”之一。

钱学森为我国核科学与航天事业做出过杰出贡献，是美国媒体十分关注的科学人物，除他之外，美国媒体还注意到了另外一个人，还曾写过一篇报道叫《钱学森之后的那个人》，这个神秘的人便是朱光亚。

“中国人要做出原子弹，只能靠自己”

美国人用原子弹迫使日本投降，遭受过列强欺辱的中国认识到了拥有核武器的重要性和迫切性。但是要造原子弹，中国人只有靠自己！朱光亚不屈不饶，只为学会造原子弹的本事。

中学时代的朱光亚受到了良好的教育，他的物理老师魏荣爵更让他对物理学产生了浓厚的兴趣。中学毕业后，朱光亚如愿考入国立中央大学物理系，后转入西南联大物理系学习，毕业后留在西南联大任教。

1945年8月，发生了一件轰动世界的事情：美国分别在日本广岛和长崎投下了原子弹！日本也因此提前结束了对中国的侵略战争。这件事情让中国人意识到，制造原子弹可以救国强国。

抗战胜利后不久，数学教授华罗庚、物理学教授吴大猷和化学教授曾昭抡，共同商讨发展原子武器的计划。三位教授拟订计划后，便遴选优秀的青年学者赴美考察，朱光亚便在这批赴美考察的队伍中。

1946年8月，朱光亚等青年学者跟随华罗庚乘船赴美。一到美国，他们便碰到了大钉子，美国原子弹科研机构一律不许外国人进入。残酷的现实令朱光亚觉悟到，中国人要造原子弹，只能靠自己的本事！

考察团中的师生们各谋出路，大部分人都选择进入美国研究机构或大学，学习其他前沿科学技术。朱光亚下定决心自己搞原子弹，因此他坚持要研究核物理学。1946年9月，他跟随吴大猷进入密执安大学，从事核物理学的学习和研究。

在密执安大学，朱光亚一边从事实验工作，一边攻读博士学位。他的学习成绩始终全部为A，连续4年获奖学金，并在《物理评论》上连续发表了四篇论文。1949年6月，25岁的朱光亚获得了物理学博士学位。

这段留学经历，为朱光亚回国研制原子弹奠定了重要基础。

“同学们，祖国在迫切地等待我们！”

“个人命运与祖国命运紧密联系在一起，把自己的聪明才智献给祖国，个人的人生价值和理想才能实现。”这是朱光亚的心声，也是多少海外学子的心声。他们扬帆远航，是为了满载而归。

在密执安大学，朱光亚担任了中国学生学生会主席，他常常组织集体活动，例如传阅《华侨日报》、宣读家信、发表演讲。通过这些集体活动，朱光亚向中国学子介绍国内形势，激励大家的爱国情怀，号召同学们在努力学习后回国报效祖国。

1949年10月1日，中华人民共和国中央人民政府成立，朱光亚强烈地呼吁留学学子们回国参加祖国建设。

1950年2月，他与众多留学生乘船归国。在途中，他与51名留美同学联名写下了《致全美中国留学生的一封公开信》：

“同学们，我们都是中国长大的，我们受了20多年的教育，自己不曾种过一粒米，不曾挖过一块煤。我们都是靠千千万万终日劳动的中国工农大众的血汗供养长大的。他们渴望我们，我们还不该赶快回去，把自己的一技之长，献给祖国的人民吗？是的，我们该赶快回去了。”

“同学们，听吧！祖国在向我们召唤，四万万五千万的父老兄弟在向我们召唤，五千年的光辉在向我们召唤，我们的人民政府在向我们召唤！回去吧！让我们回去把我们的血汗洒在祖国的土地上灌溉出灿烂的花朵。我们中国是要出头的，我们的民族再也不是一个被人侮辱的民族了！我们已经站起来了，回去吧，赶快回去吧！祖国在迫切地等待着我们！”

该公开信被刊登在《留美学生通讯》上，引起了海外中国留学生和学者们的强烈共鸣。无数海外学子受到了感召，决心返回祖国，投身于国家建设的伟大事业！

“想不受欺侮，必须拥有自己强大的现代化国防”

见证过列强宰割、日本侵略，经历过海外留学、抗美援朝，朱光亚深深地认识到，弱小的国家就只会挨打，只有变得更加强大，国家才能真正独立自主。朱光亚的目标没有改变，反而变得更加紧迫。

1952年春天，我国人民志愿军联合朝鲜，在朝鲜与美国进行停战谈判。当时，朱光亚就是我方代表团的翻译。

在谈判时，美国态度强硬，经常以核武器攻击作为要挟。朱光亚颇有感触，意识到拼刺刀的时代早已经过去，一个国家要想独立，不受人欺侮，就必须拥有强大的现代化国防。与朱光亚的想法一样，我国众多科学家和领导人都意识到了核武器的重要性。

1955年，党中央作出重要战略决策：发展原子能工业。

朱光亚调任中国科学院物理研究所中子物理研究室副主任，当时的所长正是“原子弹之父”钱三强。在此期间，他参与了苏联援建的核反应堆的建设和启动工作，开展了核反应堆物理试验，他的科研组织工作也深受钱三强认可。

1959年6月，苏联拒绝为我国提供原子弹样品和技术资料，并完全撤出了对中国核科学事业的支援。我国被迫完全依靠自己的力量发展核事业，党中央决定“自己动手，从头摸起，准备用8年时间搞出原子弹来”。

钱三强准备挑选一位负责原子弹产品的“科学技术领导人”，他选择了朱光亚。

朱光亚与邓稼先、李嘉尧一起整理出了一份较为完整的核研究资料。以这份核研究资料为线索，朱光亚一边学习核科学原理，一边进行相关实验。

此后，朱光亚主持起草了《原子弹装置科研、设计、制造与试验计划纲要及必须解决的关键问题》和《原子弹装置国家试验项目与准备工作的初步建议与原子弹装置塔上爆炸试验大纲》，它们被誉为“两个纲领性文件”。

1964年10月16日下午3时，威力相当于2.3万吨TNT炸药的原子弹爆炸成功！我国终于完成了第一颗原子弹的研制，这次爆炸试验表明：我国原子弹研制技术已经到达了相当高的水平。

就在这一天，朱光亚生平第一次，也是唯一一次，喝醉了。

“我国今后将不再在大气层进行核试验！”

列强试图阻止我国研制核武器，然而中国人争了一口气，不但拥有了核武器，还掌握了地下核试验的技术，并且将核武器事业推向了一个全新的阶段。

我国第一颗原子弹研制工作处于关键时期时，美、苏、英三国签订了《关于禁止在大气层外层空间和水下进行核试验的条约》，美国人露骨地说：“我们能够合作来阻止中国获得核能力。”

当时，美、苏等拥有核武器的国家早已进行过大量核试验，停止核试验对他们的核武器发展并无影响，他们都可以通过地下核试验继续发展核武器。但是我国的情况就不同了，我国必须经历大气层核试验的阶段。

美、苏、英签订条约的目的就在于把中国刚刚起步的核武器事业扼杀在摇篮里。因此，如果我国想要拥有自己的核武器，就必须在规定日期前，完成在大气层的核试验。同时，我国还必须及时掌握地下核试验技术，以便于以后进行地下核试验。

第一颗原子弹研制成功后，朱光亚等人又投入到地下核试验的工作中。

1967年，地下核试验准备工作全面展开。经过两年的努力，朱光亚等人取得了地下平洞核试验的首次成功。随后几年内，我国进行了多次地下核试验，我国地下核试验技术也日趋成熟。

1986年3月，我国向全世界庄严宣布："我国已多年未进行大气层核试验，今后也将不再在大气层进行核试验。"该宣言标志着我国不仅拥有了核武器，还能够在核科学领域进行更先进、更深入的研究。

核试验全面停止后，朱光亚敏锐地意识到，核武器技术将进入一个全新的阶段，原子弹和氢弹的研究已经成为历史。于是，他又提出了新的核武器发展方向：进行潜艇核动力、核材料技术的研究，他说："我们不能两眼不看世界风云，只顾埋头搞武器研究。"

在朱光亚的领导和指挥下，我国在国防科技和武器装备上实现了重大跨越，及时适应了新的世界军事变革。

从原子弹到地下核试验，再到潜艇核动力、核材料技术研究，朱光亚始终致力于中国的核武器研究。正如他自己所言："我这一辈子主要做的就这一件事——搞中国的核武器。"

成功启示

冰冻三尺非一日之寒，滴水穿石非一日之功。朱光亚一心一意学习核物理知识，经过多年的努力，才成为一名核武器研究专家。多少位科学才俊一起努力，才成就了我国辉煌的核武器事业。一个人的力量是十分有限的，我们应当选择适合自己的目标，走自己的道路，这样才能到达属于自己的顶峰。